建筑室内设计、室内艺术设计专业系列教材

建筑设计基础

（第2版）

贾 宁 胡 伟 编

U0254810

东南大学出版社
SOUTHEAST UNIVERSITY PRESS
·南京·

内 容 提 要

　　室内设计是建筑设计的继续、深化和发展。理解建筑和建筑设计,是学习室内设计的必备条件,而学习建筑设计基础是正确认识和全面了解建筑和建筑设计的重要方法。

　　本书主要讲述了建筑的平面、立面、剖面设计以及建筑围护结构构造的基本原理与设计方法。目的是向学习室内设计的人员介绍建筑设计基础知识。本书内容丰富翔实,论述简明扼要,说明清楚透彻。书中含有大量的常用图例和图表,便于读者学习、查找和参考。全书分为11章:第1章绪论,第2章房屋建筑设计及概要,第3章地基与基础构造,第4章墙体构造,第5章楼板和地面构造,第6章屋顶构造,第7章楼梯及电梯,第8章门窗构造,第9章建筑防火与安全疏散,第10章变形缝,第11章装配式建筑。

　　本书主要适用于从事室内设计的读者,也可作为相近专业的学习参考书。

图书在版编目(CIP)数据

建筑设计基础 / 贾宁,胡伟编. — 2 版. — 南京:
东南大学出版社,2018.8
　建筑室内设计、室内艺术设计专业系列教材 / 胡伟,
李栋主编
　ISBN　978 - 7 - 5641 - 7800 - 0

　Ⅰ. ①建…　Ⅱ. ①贾… ②胡…　Ⅲ. ①建筑设计
Ⅳ. ①TU2

　　中国版本图书馆 CIP 数据核字(2018)第 119403 号

建筑设计基础(第2版)

编　　者	贾 宁 胡 伟	
责任编辑	宋华莉	
编辑邮箱	52145104@qq.com	
出版发行	东南大学出版社	
出 版 人	江建中	
社　　址	南京市四牌楼 2 号(邮编:210096)	
网　　址	http://www.seupress.com	
电子邮箱	press@seupress.com	
印　　刷	南京玉河印刷厂	
开　　本	700 mm×1 000 mm　1/16	
印　　张	15.25	
字　　数	290 千字	
版 印 次	2018 年 8 月第 2 版　2018 年 8 月第 1 次印刷	
书　　号	ISBN 978 - 7 - 5641 - 7800 - 0	
定　　价	36.00 元	
经　　销	全国各地新华书店	
发行热线	025 - 83790519　83791830	

(本社图书若有印装质量问题,请直接与营销部联系,电话:025 - 83791830)

建筑室内设计、室内艺术设计专业系列教材

编委会名单

主 任　胡　伟

副主任　李　栋

编委会　孙亚峰　贾　宁　翟胜增
　　　　陆鑫婷　卢顺心　乔　丹
　　　　王吏忠　汤斐然　胡艺潇

前　言

本书主要讲述建筑的平面、立面、剖面设计以及建筑围护结构构造设计的基本原理与设计方法。目的是向学习室内设计的人员介绍建筑设计基础知识,帮助其在正确理解建筑和建筑设计的基础上,学好室内设计。

室内设计是对建筑内部空间的设计,主要包括:空间形象的设计——对原建筑提供的内部空间进行改造、处理,按照人对这个空间形状、大小、形象性质的要求,进一步调整空间的尺度和比例,解决各空间之间的衔接、对比、统一等问题;室内空间围护体的装修——按照空间处理的要求对室内的墙壁、地面及顶棚进行处理,包括对分割空间的实体、半实体的处理;室内陈设艺术设计——设计、选择配套的家具及设施,以及对观赏艺术品、装饰织物、灯饰照明及室内绿化等进行综合艺术处理;室内物理环境设计处理——室内气候、采暖通风、温湿度调节、视听音像效果等物理因素给人的感受和反应等。这些内容的实施,基本上都是围绕建筑本体进行的,不能正确理解建筑和建筑设计,学好室内设计是难以想象的。

本书根据室内设计的专业特点和大、中专的层次要求,对现有资料进行收集、选择和整理,以通俗易懂的方式推介给读者。至于书中的一些专业性较强的数据、公式和图表,仅仅作为了解和溯源的内容,一般不需要强记和掌握。全书分为绪论、房屋建筑设计及概要、地基与基础构造、墙体构造、楼板和地面构造、屋顶构造、楼梯及电梯、门窗构造、建筑防火与安全疏散、变形缝、装配式建筑等 11 个章节。内容丰富,说理清楚,突出重点,深入浅出,大量常用的图表、图例、案例、规范和思考题,便于读者了解、查找和学习。

编写本书时,参考、引用了相关文献和资料,在此谨向这些作者表示深深的谢意。由于编者水平有限,加上时间仓促,不妥之处敬请赐教和指正。

编　者

2017 年 10 月

目　　录

1 绪 论

1.1 建筑与建筑设计

建筑既表示建筑工程的建造活动,同时又表示这种活动的成果——建筑物。建筑是建筑物与构筑物的统称。建筑物指供人们在其中生产、生活或从事其他活动的房屋或场所,如住宅、医院、学校、体育馆和影剧院等,构筑物则是指人们不能直接在其内生产、生活的建筑,如水塔、烟囱、桥梁和堤坝等。无论是建筑物还是构筑物,都是为了满足一定功能,运用一定材料和技术手段,依据科学规律和美学原则而建造的相对稳定的人造空间。

室内设计是根据建筑内部空间的既定条件和功能需求,对空间和界面,进行编排、组织和再造,使之形成既反映历史文脉、建筑风格和环境气氛等,又安全、卫生、舒适、实用的内部环境。室内设计是建筑设计的组成部分,是建筑设计的继续、深化和发展。不能正确地认识和全面地理解建筑,进行室内设计是不可想象的。

1) 正确理解建筑

(1) 建筑的目的

在远古时代,人类依附于自然的采集经济生活,无固定的住所,为了避风雨、御寒暑、防兽害,栖身于洞穴和山林。之后,人类在与自然作斗争的过程中,逐渐形成了劳动的分工,狩猎、农业、手工业相继分离,生产和生活活动相对比较稳定,因此,出现了固定的居民点。与此同时,人们根据自己长期的生活经验,开始用简单的工具和土石草木等天然材料营造地面建筑,作为生产和生活的活动场所。这样,就形成了原始建筑和人类最早的建筑活动。

随着社会的发展、生产技术的进步,新的生产和生活领域不断开拓,人类的生活内容日益丰富,人们不仅从事日常的生产劳动和生活居住活动,还从事政治经济、商品贸易、文化娱乐、宗教宣传等社会公共活动,而这些活动都要求有相应的建筑作为活动的场所。因此,各类建筑如厂房、商店、银行、办公楼、学校、车站、码头等相继出现。建筑事业的发展,不仅满足了当时人们生产和生活的需要,而且又强有力地推动了社会的进步。在科技高度发达的当今社会,建筑不仅使人们的生活环境日益改善,而且为社会的政治、经济、文化的发展提供了物质基础。因此,建筑在社会的发展中起着越来越重要的作用。

从上面简略的叙述中可以看出,建筑的产生和发展是为了适应社会的需要,建筑的目的是为人们提供一个良好的生产和生活的场所。那么,建筑是以什么方式来实现其目的的呢?

人们进行任何一种活动,都需要有一定的空间,马克思曾经说过:"空间是一切生产和一切人类活动所需要的要素。"没有空间,人类的活动就无法进行,或者说只能在不完善的境况下进行。譬如,没有住宅,人们就不能休养生息;没有教室,就无法有效地进行教学活动;没有厂房,就难以完成高水平的工业生产……因此,建筑要实现自己的目的,其先决条件是必须具有"空间"。

当然,这里所说的"空间",是有别于一般的自然空间的。首先,在空间形态上,必须满足人们进行活动时对空间环境提出的使用要求和审美要求;其次,在空间围隔技术上,必须达到坚固、实用、安全、舒适的要求。这种按照人们的需要,经过精心组织的人为空间,通常称之为"建筑空间"。

因此,人类营造建筑,其主要任务是获取具有使用价值和审美价值的建筑空间,而建筑实体——各种建筑构件,如墙壁、屋顶、楼板、门窗等,只是构成空间的手段。我国古代思想家老子曾经说过:"埏埴以为器,当其无,有器之用,凿户牖以为室,当其无,有室之用……",其用意就在于强调空间的使用意义。

由于人类生活活动的内容和规模不断更新和扩大,其活动范围不仅局限于建筑内部,而且延伸到建筑的外部。建筑之间的庭院、广场、街道、公园绿地等,都是人们不可缺少的活动空间,都必须按照人的使用要求和审美要求加以组织,为人们创造一个优美的生活空间环境。从这一层意义来说,"建筑"应该有更为广泛的含义,它既包括单体建筑,又包括群体建筑、庭院、广场、街道,以至整个的城市和乡村,都应该属于"建筑"的范畴。

(2)建筑的基本构成要素

建筑既表示建造房屋和从事其他土木工程的活动,又表示这种活动的成果——建筑物,也是某个时期、某种风格建筑物及其所体现的技术和艺术的总称,如隋唐五代建筑、明清建筑、现代建筑等。

从建筑发展的历史来看,由于时代、地域、民族的不同,建筑的形式和风格总是异彩纷呈。然而,从构成建筑的基本内容来看,不论是简陋的原始建筑,还是现代化的摩天大楼,都离不开建筑功能、建筑的物质技术条件、建筑形象这三个基本要素。

① 建筑功能。建筑功能就是人们对建筑提出的具体使用要求。一幢建筑是否适用,就是指它能否满足一定的建筑功能要求。

　　对于各种不同类型的建筑,建筑功能既有个性又有共性。建筑功能的个性,表现为建筑的不同性格特征;而建筑功能的共性,就是各类建筑需要共同满足的基本功能要求(如人体生理条件、人体活动尺度等对建筑的要求)。

　　对待建筑功能,需要有发展的观念。随着社会生产和生活的发展,人们必然会对建筑提出新的功能要求,从而促进新型建筑的产生。因此,可以说建筑功能也是推动建筑发展的一个主导因素。

　　② 建筑的物质技术条件。建筑物质技术条件包括材料、结构、设备和施工技术等方面的内容,它是构成建筑空间、保证空间环境质量、实现建筑功能要求的基本手段。

　　科学技术的进步,各种新材料、新设备、新结构和新工艺的相继出现,为新的建筑功能的实现和新的建筑空间形式的创造提供了技术上的可能。近代大跨度建筑和超高层建筑的发展就是建筑物质技术条件推动建筑发展的有力例证。

　　③ 建筑形象。建筑形象是根据建筑功能的要求,通过体量的组合和物质技术条件的运用而形成的建筑内外观感。空间组合、立面构图、细部装饰、材料色彩和质感的运用等,都是构成建筑形象的要素。在建筑设计中创造具有一定艺术效果的建筑形象,不仅在视觉上给人以美的享受,而且在精神上具有强烈的感染力,并使人产生愉悦的心情。因此,建筑形象既反映了建筑的内容,又体现了人们的生活和时代对建筑提出的要求。

　　在建筑三要素中,功能是建筑的主要目的,物质技术条件是实现建筑目的的手段,而建筑形象则是功能、技术、艺术的综合表现。建筑三要素之间的关系表现为:功能居于主导地位,对建筑技术和形象起决定作用;物质技术条件对建筑功能和形象具有一定的促进作用和制约作用;建筑形象虽然是建筑技术条件和功能的反映,但也具有一定的灵活性,在同样的条件下,往往可以创造出不同的建筑形象,取得迥然不同的艺术效果。

　　与建筑三要素相关的是建筑中适用、经济、美观之间的关系问题。适用是首位的,既不能片面地强调经济而忽视适用,也不能强调适用而不顾经济上的可能;所谓经济不仅是指建筑造价,而且还要考虑经常性的维护费用和一定时期内投资回收的综合经济效益;至于美观也是衡量建筑质量的标准之一,不仅表现在单体建筑中,而且还应该体现在整体环境的审美效果之中。正确处理这三者之间的关系,就要在建筑设计中既反对盲目追求高标准,又反对片面降低质量、建筑形象千篇一律、缺乏创新的不良倾向。

　　(3) 建筑的性质和特点

　　从建筑的形成和发展过程中,可以看出建筑有如下的性质和特点:

　　① 建筑要受自然条件的制约。建筑是人类与自然斗争的产物,它的形成和发

展无不受到自然条件的制约,在建筑布局、形式、结构、材料等方面都受到重大影响。在技术尚不发达的时代,人们就懂得利用当地条件,因地制宜地创造出合理的建筑形式,如寒冷地区建筑厚重封闭;炎热地区建筑轻巧通透;在温暖多雨地区,常使建筑底层架空(干阑式建筑);在黄土高原多筑生土窑洞;山区建筑则采用块石结构;等等,从而使建筑能适应当地人们的需要,其建筑风貌呈现出强烈的地方特色。

在科技发达的近代,虽然可以采用机械设备和人工材料来克服自然条件对建筑的种种限制,但是协调人—建筑—自然之间的关系,尽量利用自然条件的有利方面,避开不利方面,仍然是建筑创作的重要原则。

② 建筑的发展离不开社会。建筑,作为一项物质产品,和社会有着密切的关系。这主要体现在两个方面:

• 建筑的目的是为人类提供良好的生活空间环境。建筑的服务对象是社会中的人,也就是说,建筑要满足人们提出的物质的和精神的双重功能要求。因此,人们的经济基础、思想意识、文化传统、风俗习惯、审美观念等无不影响着建筑。

• 人类进行建筑活动的基础是物质技术条件。各个时代的建筑形式、建筑风格之所以大相径庭,就是由于当时的科学技术水平、经济水平、物质条件等社会因素造成的。

因此,建筑的发展绝对离不开社会,可以说,建筑是社会物质文明和精神文明的集中体现。

③ 建筑是技术与艺术的综合。建筑是一种特殊的物质产品,它不但体量庞大、耗资巨大,而且一经建成,就立地生根,成为人们劳动、生活的经常活动场所。人们对于自己生活的环境总是希望能得到美的享受和艺术的感染力。因此,建筑的审美价值就成为其本质属性之一。

建筑若要具有一定的审美价值,建筑创作就须遵循美学法则,进行一定的艺术加工。但建筑又不同于其他艺术,建筑艺术不能脱离空间的实用性,也不能超越技术上的可行性和经济上的合理性,建筑艺术性总是寓于建筑技术性之中。建筑所具有的这种双重属性——技术与艺术的综合,是建筑区别于其他工程技术的一个重要特征。

2) 设计工作

(1) 设计工作在基本建设中的作用

一项建筑工程,从拟订计划到建成使用,通常需要经历计划审批、基地选定、征用土地、勘测设计、施工安装、竣工验收、交付使用等步骤。这就是一般所说的"基本建设程序"。

由于建筑涉及功能、技术和艺术,同时又具有工程复杂、工种多、材料和劳力消耗量大、工期长等特点,在建设过程中需要多方面协调配合。因此,建筑物在建造之前,按照建设任务的要求,对在施工过程中和建成后的使用过程中可能发生的矛盾和问题,事先做好通盘的考虑,拟定出切实可行的实施方案,并用图纸和文件将它表达出来,作为施工的依据,这是一项十分重要的工作。这一工作过程通常称为"建筑工程设计"。

一项经过周密考虑的设计,不仅为施工过程中备料和工种配合提供依据,而且可使工程在建成之后显示出良好的经济效益、环境效益和社会效益。因此,可以说"设计是工程的灵魂"。

(2)建筑工程设计的内容与专业分工

在科技日益发达的今天,建筑所包含的内容日益复杂,与建筑相关的学科也越来越多。一项建筑工程的设计工作常常涉及建筑、结构、给水、排水、暖气通风、电气、煤气、消防、自动控制等学科。因此,一项建筑工程设计需要多工种分工协作才能完成。

目前,我国的建筑工程设计通常由建筑设计、结构设计、设备设计三个专业工种组成。

(3)建筑设计的任务

建筑设计作为整个建筑工程设计的组成之一,它的任务是:

① 合理安排建筑内部各种使用功能和使用空间;

② 协调建筑与周围环境、各种外部条件的关系;

③ 解决建筑内外空间的造型问题;

④ 采取合理的技术措施,选择适用的建筑材料;

⑤ 综合协调与各种设备相关的技术问题。

建筑设计要全面考虑环境、功能、技术、艺术方面的问题,可以说是建筑工程的战略决策,是其他工种设计的基础。要做好建筑设计,除了遵循建筑工程本身的规律外,还必须认真贯彻国家的方针、政策。只有这样,才能使所设计的建筑物达到适用、经济、坚固、美观的最终目的。

1.2 建筑设计的内容和过程

1)建筑设计的阶段划分与内容

由于建造房屋是一个较为复杂的物质生产过程,影响房屋设计和建造的因素又很多,因此必须在施工前有一个完整的设计方案,综合考虑多种因素,编制出一整套设计施工图纸和文件。实践证明,遵循必要的设计程序,充分做好设计前的准备工作,划分必要的设计阶段,对提高建筑物的质量,多快好省地设计和建筑房屋是极为重要的。

房屋的设计,一般包括建筑设计、结构设计和设备设计等几部分,它们之间既有分工,又相互密切配合。由于建筑设计是建筑功能、工程技术和建筑艺术的综合,因此它必须综合考虑建筑、结构、设备等工种的要求,以及这些工程的相互联系和制约。设计人员必须贯彻执行建筑方针和政策,正确掌握建筑标准,重视调查研究和群众路线的工作方法。建筑设计还和城市建设、建筑施工、材料供应以及环境保护等部门的关系极为密切。

建筑设计一般分为初步设计和施工图设计两个阶段,对于大型的、比较复杂的工程,也有采用三个设计阶段,即在两个设计阶段之间还有一个技术设计阶段,用来深入解决各工种之间的协调等技术问题。

2) 建筑设计的过程及成果

建筑设计过程也就是学习和贯彻方针政策,不断进行调查研究,合理解决建筑物的功能、技术、经济和美观问题的过程。

现将设计过程和各个设计阶段的具体工作及各阶段的工作成果分述如下:

(1) 设计前的准备工作

① 熟悉设计任务书。具体着手设计前,首先需要熟悉设计任务书,以明确建设项目的设计要求。设计任务书的内容有:

• 建设项目总的要求和建造目的的说明;

• 建筑物的具体使用要求、建筑面积以及各类用途房间之间的面积分配;

• 建设项目的总投资和单方造价,并说明土建费用、房屋设备费用以及道路等室外设施费用情况;

• 建设基地范围、大小,周围原有建筑、道路、地段环境的描述,并附有地形测量图;

• 供电、供水和采暖、空调等设备方面的要求,并附有水源、电源接用许可文件;

• 设计期限和项目的建设进程要求。

设计人员应对照有关定额指标,校核任务书中单方造价、房间使用面积等内容。在设计过程中必须严格掌握建筑标准、用地范围、面积指标等有关限额。如果需要对任务书的内容做出补充或修改,须征得建设单位的同意;涉及用地、造价、使用面积的,还须经城建部门或主管部门批准。

② 收集必要的设计原始数据。通常建设单位提出的设计任务,主要是从使用要求、建设规模、造价和建设进度方面考虑。房屋的设计和建造还需要收集下列有

关原始数据和设计资料：

• 气象资料：所在地区的温度、湿度、日照、雨雪、风向和风速，以及冻土深度等。

• 基地地形及地质水文资料：基地地形标高，土壤种类及承载力，地下水位以及地震烈度等。

• 水电等设备管线资料：基地地下水的给水、排水、电缆等管线布置以及基地上的架空线等供电线路情况。

• 与设计项目有关的定额指标：如住宅的每户面积或每人面积定额，学校教室的面积定额以及建筑用地、用材等指标。

③ 设计前的调查研究。设计前调查研究的主要内容有：

• 建筑物的使用要求：深入访问使用单位中有实践经验的人员，认真调查同类已建房屋的实际使用情况，通过分析和总结，对所设计房屋的使用要求做到"胸中有数"。

• 建筑材料供应和结构施工等技术条件：了解设计房屋所在地区建筑材料供应的品种、规格、价格等情况，预制混凝土制品以及门窗的种类和规格，新型建筑材料的性能、价格以及采用的可能性。结合房屋使用要求和建筑空间组合的特点，了解并分析不同结构方案的选型、当地施工技术和起重、运输等设备条件。

• 基地踏勘：根据城建部门所划定的设计房屋基地的图纸进行现场踏勘，深入了解基地和周围环境的现状及历史沿革，核对已有资料与基地现状是否符合，如有出入给予补充或修正。从基地的地形、方位、面积和形状等条件以及基地周围原有建筑、道路、绿化等多方面的因素，考虑拟建建筑物的位置和总平面布局的可能性。

• 当地传统建筑经验和生活习惯：传统建筑中有许多结合当地地理、气候条件的设计布局和创作经验，根据拟建建筑物的具体情况，可以"取其精华"，以资借鉴。

④ 学习有关方针政策以及同类型设计的文字、图纸资料。在设计准备过程以及各个阶段中，设计人员都需要认真学习并贯彻有关建设方针和政策，同时也需要学习并分析有关设计项目的国内外图纸、文字资料等设计经验。

（2）初步设计阶段

初步设计是建筑设计的第一阶段，它的主要任务是提出设计方案，即在已定的基地范围内，按照设计任务书所拟的房屋使用要求，综合考虑技术经济条件和建筑艺术方面的要求，提出设计方案。

初步设计的内容包括确定建筑物的组合方式，选定所用建筑材料和结构方案，确定建筑物在基地的位置，说明设计意图，分析设计方案在技术、经济上的合理性，并提出概算书。初步设计的图纸和设计文件有：

① 建筑总平面图：其内容包括建筑物在基地上的位置、标高、道路、绿化以及基地上设施的布置和说明等，比例尺一般采用1∶500、1∶1 000、1∶2 000。

② 各层平面及主要剖面、立面图：这些图纸应标出建筑的主要尺寸，房间的面积、高度以及门窗位置，部分室内家具和设备的布置等，比例尺一般采用1∶500～1∶200。

③ 说明书：应对设计方案的主要意图、主要结构方案及构造特点，以及主要技术经济指标等进行说明。

④ 建筑概算书。

⑤ 根据设计任务的需要，可能辅以建筑透视图或建筑模型。

建筑初步设计有时需要提供几个方案，送甲方及有关部门审议、比较后确定设计方案，这一方案批准下达后，便是下一阶段设计的依据文件。

（3）技术设计阶段

技术设计是三阶段建筑设计时的中间阶段，它的主要任务是在初步设计的基础上，进一步确定房屋建筑设计各工种之间的技术协调原则。

（4）施工图设计阶段

施工图设计是建筑设计的最后阶段。它的主要任务是按照实际施工要求，在初步设计或技术设计的基础上，综合建筑、结构、设备各工种，相互交底核实，深入了解材料供应、施工技术、设备等条件，把满足工程施工的各项具体要求反映在图纸中，做到整套图纸齐全统一，明确无误。

施工图设计的内容包括：确定全部工程尺寸和用料，绘制建筑、结构、设备等全部施工图纸，编制工程说明书、结构计算书和预算书。

施工图设计的图纸及设计文件有：

① 建筑总平面：比例尺一般采用1∶500，建筑基地范围较大时也可采用1∶1 000；当采用1∶2 000时，应详细标明基地上建筑物、道路、设施等所在位置的尺寸、标高，并附说明。

② 各层建筑平面、各个立面及必要的剖面：比例尺一般采用1∶100、1∶200。

③ 建筑构造节点详图：主要为檐口、墙身和各构件的连接点，楼梯、门窗以及各部分的装饰大样等，根据需要可采用1∶1、1∶5、1∶10、1∶20等比例。

④ 各工种相应配套的施工图：如基础平面图和基础详图、楼板及屋面平面图和详图，结构施工图，给排水、电器照明以及暖气或空气调节等设备施工图。

⑤ 建筑、结构及设备等的说明书。

⑥ 结构及设备的计算书。

⑦ 工程预算书。

1.3 建筑设计的一般要求和依据

1) 建筑标准化

建筑标准化是建筑工业化的组成部分之一,是装配式建筑的前提。建筑标准化一般包括以下两项内容:其一是建筑设计方面的有关条例,如建筑法规、建筑设计规范、建筑标准、定额与技术经济指标等;其二是推广标准设计,包括构配件的标准设计、房屋的标准设计和工业化建筑体系设计等。

(1) 标准构件与标准配件

标准构件是房屋的受力构件,如楼板、梁、楼梯等;标准配件是房屋的非受力构件,如门窗、装修做法等。标准构件与标准配件一般由国家或地方设计部门进行编制,供设计人员选用,同时也为加工生产单位提供依据。标准构件一般用"G"来表示;标准配件一般用"J"来表示。

(2) 标准设计

标准设计包括整个房屋的设计和标准单元的设计两个部分。标准设计一般由地方设计院进行编制,供建筑单位选择使用。整个房屋的标准设计一般只进行地上部分,地下部分的基础与地下室由设计单位根据当地的地质勘探资料另行出图。标准单元设计一般指平面图的一个组成部分,应用时一般进行拼接,形成一个完整的建筑组合体。标准设计在大量性建造的房屋中应用比较普遍,如住宅等。

(3) 工业化建筑体系

为了适应建筑工业化的要求,除考虑将房屋的构配件及水电设备等进行定型外,还应对构件的生产、运输、施工现场吊装以及组织管理等一系列问题进行通盘设计,作出统一规划,这就是工业化建筑体系。

工业化建筑体系又分为两种做法:

① 通用建筑体系。通用建筑体系以构配件定型为主,各体系之间的构件可以互换,灵活性比较突出。

② 专用建筑体系。专用建筑体系以房屋定型为主,构配件不能进行互换。

2) 建筑模数协调统一标准

为了实现设计的标准化,必须使不同的建筑物及各部分之间的尺寸统一协调。为此,我国在 1973 年颁布了《建筑统一模数制》(GBJ 2—73);1986 年对上述规范进行了修订、补充,更名为《建筑模数协调统一标准》(GBJ 2—86);现已被《建筑模数协调标准》(GB/T 50002—2013)替代,并将此作为设计、施工、构件制作、科研的尺寸依据。

(1) 模数制

① 基本模数。基本模数是建筑模数协调统一标准中的基本数值,用 M 表示,1 M＝100 mm。

② 扩大模数。扩大模数是导出模数的一种,其数值为基本模数的整数倍数。为了减少类型、统一规格,扩大模数按 3 M(300 mm),6 M(600 mm),12 M(1 200 mm),15 M(1 500 mm),30 M(3 000 mm),60 M(6 000 mm)进行扩大,共 6 种。

③ 分模数。分模数是导出模数的另一种,其数值为基本模数的分数值。为了满足细小尺寸的需要,分模数按 1/2 M(50 mm),1/5 M(20 mm) 和 1/10 M(10 mm)取用。

(2) 三种尺寸

为了保证设计、构件生产、建筑制品等有关尺寸的统一与协调,必须明确标志尺寸、构造尺寸和实际尺寸的定义及其相互间的关系。

① 标志尺寸。标志尺寸用以标注建筑物定位轴线之间的距离(如跨度、柱距、进深、开间、层高等),以及建筑制品、构配件、有关设备界限之间的尺寸。标志尺寸应符合模数数列的规定。

② 构造尺寸。构造尺寸是建筑制品、构配件等生产的设计尺寸。该尺寸与标志尺寸有一定的差额。相邻两个构配件的尺寸差额之和就是缝隙。构造尺寸加上缝隙尺寸等于标志尺寸。缝隙尺寸也应符合模数数列的规定。

③ 实际尺寸。实际尺寸是建筑制品、构配件等的生产实有尺寸,这一尺寸因生产误差造成与设计的构造尺寸间有差值。不同尺度和精度要求的制品与构配件均各有其允许差值。

3) 建筑设计的原则和要求

(1) 满足建筑功能要求

满足建筑物的功能要求,为人们的生产和生活活动创造良好的环境,是建筑设计的首要任务。例如设计学校,首先要考虑满足教学活动的需要,教室设置应分班合理,采光通风良好,同时还要合理安排备课、办公、贮藏和厕所等行政管理和辅助用房,并配置良好的体育场和室外活动场地等。

(2) 采用合理的技术措施

正确选用建筑材料,根据建筑空间组合的特点,选择合理的结构、施工方案,使房屋坚固耐久、建造方便。例如近年来,我国设计建造的一些覆盖面积较大的体育馆,由于屋顶采用钢网架空间结构和整体提升的施工方法,既节省了建筑物的用钢量,也缩短了施工期限。

（3）具有良好的经济效果

建造房屋是一个复杂的物质生产过程,需要大量人力、物力和资金,在房屋的设计和建造中,要因地制宜、就地取材,尽量做到节省劳动力,节约建筑材料和资金。设计和建筑房屋要有周密的计划和核算,重视经济领域的客观规律,讲究经济效果。房屋设计的使用要求和技术措施要和相应的造价、建筑标准统一起来。

（4）考虑建筑美观要求

建筑物是社会的物质和文化财富,它在满足使用要求的同时,还需要考虑人们对建筑物在美观方面的要求,考虑建筑物所赋予人们精神上的感受。建筑设计要努力创造具有我国时代精神的建筑空间组合与建筑形象。历史上创造的具有时代印记和特色的各种建筑形象,往往是一个国家、一个民族文化传统宝库中的重要组成部分。

（5）符合总体规划要求

单体建筑是总体规划中的组成部分,单体建筑应符合总体规划提出的要求。建筑物的设计还要充分考虑和周围环境的关系,例如原有建筑的状况、道路的走向、基地面积大小及绿化和拟建建筑物的关系等。新设计的单体建筑应与基地形成协调的室外空间组合和良好的室外环境。

4) 建筑设计的依据

建筑设计是房屋建造过程中的一个重要环节,其工作是将有关设计任务的文字资料转变为图纸。在这个过程中,还必须贯彻国家的建筑方针和政策,并使建筑与当地的自然条件相适应。因此,建筑设计是一个渐次进行的科学决策过程,必须在一定的基础上有依据地进行。

现将建筑设计过程中所涉及的一些主要依据分述如下:

（1）资料性依据

建筑设计的资料性依据主要包括三个方面,即人体工程学、各种设计的规范和建筑模数制的有关规定。

（2）条件性依据

建筑设计的条件性依据,主要可分为地质与气候条件两个方面:

① 温度、湿度、日照、雨雪、风向、风速等气候条件。气候条件对建筑物的设计有较大影响。例如湿热地区,房屋设计要很好地考虑隔热、通风和遮阳等问题;干冷地区,通常又希望把房屋的体型尽可能设计得紧凑一些,以减少外围护面的散热,有利于室内采暖、保温。

日照和主导风向通常是确定房屋朝向和间距的主要因素,风速是高层建筑、电视塔等设计中考虑结构布置和建筑体型的重要因素,雨雪量的多少对选用屋顶形式和构造也有一定影响。在设计前,需要收集当地上述有关的气象资料,作为设计的依据。

② 地形、地质条件和地震烈度。基地地形的平缓或起伏,基地的地质构成、土壤特性和地耐力的大小对建筑物的平面组合、结构布置和建筑体型都有明显的影响。坡度较陡的地形,常使房屋结合地形错层建造;复杂的地质条件,要求房屋的构成和基础的设置采取相应的结构构造措施。

地震烈度表示地面及房屋建筑遭受地震破坏的程度。在烈度 6 度以下地区,地震对建筑物的损坏影响较小。9 度以上的地区,由于地震过于强烈,从经济因素及耗用材料考虑,除特殊情况外,一般应尽可能避免在这些地区建设。房屋抗震设防的重点是指 6、7、8、9 度地震烈度的地区。

(3) 文件性依据

建筑设计的依据文件:

① 主管部门有关建设任务使用要求、建筑面积、单方造价和总投资的批文以及国家有关部、委或各省、市、地区规定的有关设计定额和指标。

② 工程设计任务书:由建设单位根据使用要求,提出各种房间的用途、面积大小以及其他的一些要求,工程设计的具体内容、面积建筑标准等都需要和主管部门的批文相符合。

③ 城建部门同意设计的批文:内容包括用地范围(常用红线划定)以及有关规划、环境等城镇建设对拟建房屋的要求。

④ 委托设计工程项目表:建设单位根据有关批文向设计单位正式办理委托设计的手续。规模较大的工程还常采用投标方式,委托得标单位进行设计。

设计人员根据上述设计的有关文件,通过调查研究,收集必要的原始数据和勘测设计资料,综合考虑总体规划、基地环境、功能要求、结构施工、材料设备、建筑经济以及建筑艺术等方面的问题,进行设计并绘制成建筑图纸,编写主要设计意图说明书,其他工种也相应设计并绘制各类图纸,编制各工种的计算书、说明书以及概算和预算书。上述整套设计图纸和文件便成为房屋施工的依据。

1.4 建筑物的分类与分级

1) 建筑物的分类

供人们生活、学习、工作、居住,以及从事生产和各种文化活动的房屋称为建筑。其他如水池、水塔、支架、烟囱等间接为人们提供服务的设施称为构筑物。

建筑物的分类方法有很多种,大体可以从使用性质、结构类型、建筑层数(高度)、承重方式及建筑工程等级等几方面来进行区分。

（1）使用性质和特点

建筑物按使用性质可分为三大类：

① 民用建筑。它包括居住建筑（住宅、宿舍等）和公共建筑（办公楼、影剧院、医院、体育馆、商场等）两大部分。

② 工业建筑。它包括生产车间、仓库和各种动力用房及厂前区等。

③ 农业建筑。它包括饲养、种植等生产用房和机械、种子等贮存用房。民用建筑物除按使用性质不同进行分类以外，还可以按使用特点进行分类。

• 大量性建筑。大量性建筑主要是指量大面广，与人们生活密切相关的建筑。其中包括一般的居住建筑和公共建筑，如职工住宅、托儿所、幼儿园及中小学教学楼等。其特点是与人们日常生活有直接关系，而且建筑量大、类型多，一般均采用标准设计。

• 大型性建筑。这类建筑多建造于大中城市，规模宏大，是比较重要的公共建筑，如大型车站、机场候机楼、会堂、纪念馆、大型办公楼等。这类建筑使用要求比较复杂，建筑艺术要求也较高。因此，这类建筑大都进行个别设计。

（2）结构类型

结构类型指的是房屋承重构件的结构类型，它多依据其选材不同而不同。可分为如下几种类型：

① 砖木结构。这类房屋的主要承重构件用砖、木做成。其中竖向承重构件的墙体、柱子采用砖砌，水平承重构件的楼板、屋架采用木材。这类房屋的层数较低，一般均在 3 层及以下。

② 砌体结构。这类房屋的竖向承重构件采用各种类型的砌体材料制作（如黏土实心砖、黏土多孔砖、混凝土空心小砌块等）的墙体和柱子，水平承重构件采用钢筋混凝土楼板、屋顶板，其中也包括少量的屋顶采用木屋架。这类房屋的建造层数也随材料的不同而改变。其中黏土实心砖墙体在 8 度抗震设防地区的允许建造层数为 6 层，允许建造高度为 18 m；钢筋混凝土空心小砌块墙体在 8 度抗震设防地区的允许建造层数为 6 层，允许建造高度为 18 m。

③ 钢筋混凝土结构。这种结构一般采用钢筋混凝土柱、梁、板制作的骨架或钢筋混凝土制作的板墙作承重构件，而墙体等围护构件，一般采用轻质材料做成。这类房屋可以建多层（6 层及以下）或高层（10 层及以上）的住宅或高度在 24 m 以上的其他建筑。

④ 钢结构。主要承重构件均用钢材制成，在高层民用建筑和跨度大的工业建筑中采用较多。

此外还可分为木结构、生土建筑、塑料建筑、充气塑料建筑等。

（3）施工方法

通常，施工方法可分为 4 种形式：

① 装配式。把房屋的主要承重构件，如墙体、楼板、楼梯、屋顶板均在加工厂制成预制构件，在施工现场进行吊装、焊接，处理节点。这类房屋以大板、砌块、框架、盒子结构为代表。

② 现浇（现砌）式。这类房屋的主要承重构件均在施工现场用手工或机械浇筑和砌筑而成。它以滑升模板为代表。

③ 部分现浇、部分装配式。这类房屋的施工特点是内墙采用现场浇筑，而外墙及楼板、楼梯均采用预制构件。它是一种混合施工的方法，以大模建筑为代表。

④ 部分现砌、部分装配式。这类房屋的施工特点是墙体采用现场砌筑，而楼板、楼梯、屋顶板均采用预制构件，这是一种既有现砌又有预制的施工方法。它以砌体结构为代表。

（4）建筑层数

建筑层数是房屋的实际层数（但层高在 2.2 m 及以下的设备层、结构转换层和超高层建筑的安全避难层不计入建筑层数内）。

建筑高度是室外地坪至房屋檐口部分的垂直距离。多层建筑对住宅而言是指建筑层数在 9 层及 9 层以下的建筑；对公共建筑而言是指高度在 24 m 及 24 m 以下的建筑。高层建筑对住宅而言指的是 10 层及 10 层以上的建筑；对公共建筑而言指的是高度在 24 m 以上的建筑。

《民用建筑设计通则》（GB 50352—2005）中规定：

住宅建筑按层数分类：1～3 层的住宅为低层；4～6 层的为多层；7～9 层的为中高层；10 层及 10 层以上的为高层。

公共建筑及综合性建筑总高度超过 24 m 者为高层（不包括总高度超过 24 m 的单层主体建筑）。当建筑总高度超过 100 m 时，不论其是住宅还是公共建筑均为超高层建筑。

（5）承重方式

通常，结构的承重方式可分为 4 种形式：

① 墙承重式。用墙体支承楼板及屋顶板传来的荷载，如砌体结构。

② 骨架承重式。用柱、梁、板组成的骨架承重，墙体只起围护和分隔作用，如框架结构。

③ 内骨架承重式。内部采用柱、梁、板承重，外部采用砖墙承重，称为框混结构。这种做法大多是为了在底层获取较大空间，如底层带商店的住宅。

④ 空间结构。采用空间网架、悬索、各种类型的壳体承受荷载，称为空间结构，如体育馆、展览馆等的屋顶。

2）建筑物的等级划分

（1）建筑物的工程等级

建筑物的工程等级以其复杂程度为依据，共分六级，具体方法详见表 1.1。

表 1.1　建筑物的工程等级

工程等级	工程主要特征	工程范围举例
特级	（1）列为国家重点项目或以国际性活动为主的特高级大型公共建筑 （2）有全国性历史意义或技术要求特别复杂的中小型公共建筑 （3）30 层以上的建筑 （4）高大空间，有声、光等特殊要求的建筑物	国宾馆、国家大会堂、国际会议中心、国际体育中心、国际贸易中心、国际大型航空港、国际综合俱乐部、重要历史纪念建筑、国家级图书馆、博物馆、美术馆、剧院、音乐厅、三级以上人防
一级	（1）高级大型公共建筑 （2）有地区性历史意义或技术要求复杂的中、小型公共建筑 （3）16 层以上 29 层以下或超过 50 m 高的公共建筑	高级宾馆、旅游宾馆、高级招待所、别墅、省级展览馆、博物馆、图书馆、科学试验研究楼（包括高等院校）、高级会堂、高级俱乐部、大于 300 床位的医院、疗养院、医疗技术楼、大型门诊楼、大中型体育馆、室内游泳馆、室内滑冰馆、大城市的火车站、航运站、候机楼、摄影棚、邮电通信楼、综合商业大楼、高级餐厅、四级人防、五级平战结合人防等
二级	（1）中高级、大中型公共建筑 （2）技术要求较高的中小型建筑 （3）16 层以上 29 层以下的住宅	大专院校的教学楼、档案楼、礼堂、电影院、部省级机关办公楼、300 床位以下（不含 300 床位）的医院、疗养院、图书馆、文化馆、少年宫、俱乐部、排演厅、报告厅、风雨操场、大中城市的汽车客运站、中等城市的火车站、邮电局、多层综合商场、风味餐厅、高级小住宅等
三级	（1）中级、中型公共建筑 （2）7 层以上（含 7 层）15 层以下有电梯的住宅或框架结构的建筑	重点中学、中等专业学校、教学楼、试验楼、电教楼、社会旅馆、饭馆、招待所、浴室、邮电所、门诊所、百货楼、托儿所、幼儿园、综合服务楼、1 层或 2 层商场、多层食堂、小型车站等
四级	（1）一般中小型公共建筑 （2）7 层以下无电梯的住宅、宿舍及砖混建筑	一般办公楼、中小学教学楼、单层食堂、单层汽车库、消防车库、消防站、蔬菜门市部、粮站、杂货店、阅览室、理发室、水冲式公共厕所等
五级	1 层或 2 层单功能、一般小跨度结构的建筑	1 层或 2 层单功能、一般小跨度结构的建筑

（2）民用建筑的等级划分

建筑物的等级是依据耐久等级（使用年限）和耐火等级（耐火极限）进行划分的。

① 耐久等级。《民用建筑设计通则》（GB 50352—2005）对建筑物的设计使用年限及等级划分做了如下规定，见表 1.2。

表 1.2　建筑物的设计使用年限

类别	设计使用年限(年)	建筑物的性质
四	100	纪念性建筑和特别重要的建筑,如纪念馆、博物馆等
三	50	普通建筑和构筑物,如行政办公楼、医院、大型工业厂房等
二	25	易于替换结构构件的建筑,如文教、卫生、居住、托幼、库房等
一	5	临时性建筑

② 耐火等级。耐火等级取决于房屋主要构件的耐火极限和燃烧性能,它的单位为小时(h)。耐火极限指从受到火的作用起到失掉支持能力或发生穿透性裂缝或背火一面温度升高到 220 ℃时所延续的时间。按材料的燃烧性能把材料分为燃烧材料(如木材等)、难燃烧材料(如木丝板等)和非燃烧材料(如砖、石等)。用上述材料制作的构件分别叫燃烧体、难燃烧体和非燃烧体。

• 普通民用建筑的耐火等级。普通民用建筑的耐火等级分为四级,其划分方法见表 1.3。

一个建筑物的耐火等级属于几级,取决于该建筑物的层数、长度和面积。《建筑设计防火规范》(GB 50016—2014)中对此作了详细的规定,见表 1.4。

表 1.3　普通民用建筑构件的燃烧性能和耐火极限

构件名称		耐火等级			
		一级	二级	三级	四级
		燃烧性能和耐火极限(h)			
墙	防火墙	不　3.00	不　3.00	不　3.00	不　3.00
	承重墙	不　3.00	不　2.50	不　2.00	难　0.50
	楼梯间、电梯井墙、单元分户墙	不　2.00	不　2.00	不　1.50	难　0.50
	疏散走道的侧墙	不　1.00	不　1.00	不　0.50	难　0.25
	非承重墙	不　1.00	不　1.00	不　0.50	燃
	房间隔墙	不　0.75	不　0.50	难　0.50	难　0.25
柱	柱	不　3.00	不　2.50	不　2.00	难　0.50
	梁	不　2.00	不　1.50	不　1.00	难　0.50
	楼板	不　1.50	不　1.00	不　0.50	燃
	屋顶承重构件	不　1.50	不　1.00	燃　0.50	燃
	疏散楼梯	不　1.50	不　1.00	不　0.50	燃
	吊顶(包括吊顶格栅)	不　0.25	不　0.25	难　0.15	燃

注:表中"不"指非燃烧材料,"难"指难燃烧材料,"燃"指燃烧材料。

表 1.4 民用建筑的耐火等级、层数、长度和面积

耐火等级	最多允许层数	防火分区间		备注
		最大允许长度(m)	每层最大允许建筑面积(m²)	
一、二级	(1) 9 层和 9 层以下的住宅(包括底层带商店的住宅)(2) 建筑高度小于或等于 24 m 的其他民用建筑和高度超过 24 m 的单层公共建筑	150	2 500	(1) 体育馆、剧院等长度和面积可以放宽(2) 托儿所、幼儿园的儿童用房不应设在 4 层及 4 层以上
三级	5	100	1 200	(1) 托儿所、幼儿园的儿童用房不应设在 3 层及 3 层以上(2) 电影院、剧院、礼堂、食堂不应超过 3 层(3) 医院、疗养院不应超过 3 层
四级	2	60	600	学校、食堂、菜市场、托儿所、幼儿园、医院等不应超过 1 层

注:① 防火分区间应采用防火墙作分隔,如有困难时,可采用防火卷帘和水幕分隔。
② 建筑内设有自动灭火设备时,每层最大允许建筑面积可按本表增加一倍。
③ 地下室或半地下室建筑耐火等级为一级,允许层数为 1 层,最大允许面积为 500 m²,设备用房的防火面积不大于 1 000 m²。

• 高层民用建筑的耐火等级。高层民用建筑的耐火等级分为二级,其划分方法见表 1.5。

表 1.5 高层民用建筑构件的燃烧性能和耐火极限

构件名称		燃烧性能和耐火极限(h)	耐火等级	
			一级	二级
墙	防火墙		不 3.00	不 3.00
	承重墙、楼梯间、电梯井和住宅单元之间的墙		不 2.00	不 2.00
	非承重外墙、疏散走道两侧的隔墙		不 1.00	不 1.00
	房间隔墙		不 0.75	不 0.50
柱			不 3.00	不 2.50
梁			不 2.00	不 1.50
楼板、疏散楼梯、屋顶承重构件			不 1.50	不 1.00
吊顶			不 0.25	难 0.25

复习思考题

1. 建筑的基本构成要素是什么？

2. 建筑设计的阶段是如何划分的？简述建筑设计的过程。

3. 什么是建筑设计的标准化？

4. 什么是模数制？

5. 建筑设计应遵循什么原则？

6. 建筑物的等级是怎样划分的？

2 房屋建筑设计及概要

2.1 房屋建筑空间构成及构造

1）房屋建筑空间构成

房屋建筑空间有室内空间与室外空间两类，有时室内外空间结合在一起。这里仅就室内空间而言。为满足生产、生活的需要，房屋建筑是由大小不等的各种使用空间及交通联系空间所构成。由于房屋功能的不同，建筑使用空间的大小、数量及组合形式多种多样，所以建筑空间构成千变万化，因而建筑体型也千姿百态。

一般建筑空间的组合形式大体上可分为下列几种：

（1）单元式：其特点是房间围绕一个公共使用部分（通常是交通中心）布置。多层职工住宅是单元式空间组合形式的典型例子。多层的职工住宅都是以楼梯间为中心，每层围绕楼梯间布置各自的房间。

（2）走廊式（过道式）：常见的宿舍楼、教学楼、办公楼、医院等都属于这种空间组合形式。它以较长的公共走廊（外廊或内廊）联系同一层的各个房间。

（3）套间式（穿堂式）：各使用空间彼此连通，如商场、展览馆等建筑都是这样的空间组合形式。大多数生产厂房也是这种形式。

（4）大厅式：如影剧院、体育馆、大会堂等，它们的特点是有一个大空间的观众厅或会议厅为建筑的主体，而在周围布置一些较小的使用房间。

2）房屋建筑构造

（1）建筑构造组成

一般民用建筑均由基础、墙体和柱、楼板、楼梯、屋顶及门窗、隔墙等组成，有些建筑还有阳台、雨篷等组成部分。图 2.1 为一民用建筑的立体图。

基础是建筑物墙和柱下部的承重部分，它支撑建筑物的全部荷载，并将这些荷载传给基础下的地基。

墙体和柱均是竖向承重构件，它支撑着屋顶、楼层，并将这些荷载及自重传给基础。同时，直接对外接触的墙体还起着抵御风雨的侵袭和隔音、隔热、保温的作用，而内墙则把建筑物的内部分成若干空间，起分隔和承重的作用。

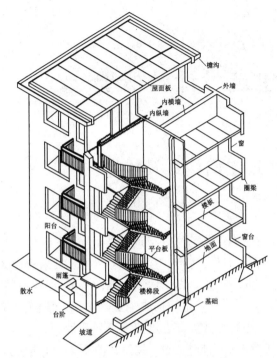

图 2.1　建筑物的组成

楼板把建筑物从水平方向分成若干层,它承受上部的荷载,并连同自重一起传给墙体或柱。

楼梯是楼层间的垂直交通工具,在高层建筑中除楼梯外还设有电梯。

屋顶是建筑物顶部的承重结构,它承受着风雪荷载和人的重量;同时屋顶也是围护结构,它起着保温、防水、隔热的作用。

门是人们进出房间的通道,窗则起着采光和通风的作用。

此外,还有台阶、散水、雨篷、阳台、烟囱、垃圾道、通风道等。

建筑的室内设施一般有浴厕设备、垃圾道、通风道等卫生设施及壁橱、吊柜、壁龛、搁板等贮藏设施,建筑的室外设施有道路、围墙、门墩、自行车棚、化粪池、花架等。

(2)房屋的定位轴线

《建筑模数协调标准》(GB/T 50002—2013)规定了定位轴线的确定方法。定位轴线是确定建筑物结构或构件的位置及其标志尺寸的线,用于平面时称为平面定位轴线(或横向定位轴线),用于竖向时称为竖向定位轴线(或纵向定位轴线)。定位轴线之间的距离(如开间、进深、跨度、柱距)均应符合模数数列的规定。

设置定位轴线的目的是为了统一与简化结构或构件等的尺寸和节点构造,减少规格类型,提高互换性和通用性,以满足建筑工业化的要求。

图 2.2 是框架结构柱子位置的平面图,图 2.3 表示砌体结构的墙体布置。

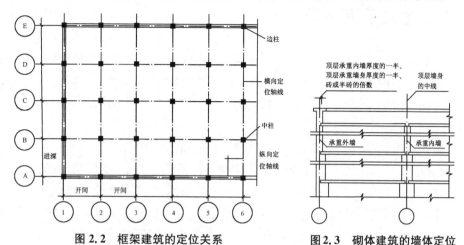

图 2.2　框架建筑的定位关系　　　　图 2.3　砌体建筑的墙体定位

（3）民用建筑中常用的技术名词

为了学好民用建筑,了解其内在关系,必须了解有关的名词术语。民用建筑的常用名词术语如下:

① 横向。指建筑物的宽度方向。

② 纵向。指建筑物的长度方向。

③ 横向轴线。沿建筑物宽度方向设置的轴线,用以确定墙体、柱、梁、基础的位置,其编号方法采用阿拉伯数字注写在轴线圆内。

④ 纵向轴线。沿建筑物长度方向设置的轴线,用以确定墙体、柱、梁、基础的位置,其编号方法采用拉丁字母注写在轴线圆内,但 I、O、Z 不用。

⑤ 开间。两条横向定位轴线之间的距离。

⑥ 进深。两条纵向定位轴线之间的距离。

⑦ 层高。建筑物的层间高度,即地面至楼面或楼面至楼面的高度。

⑧ 净高。指房间的净空高度,即地面(楼面)至吊顶下皮的高度,它等于层高减去楼地面厚度、楼板厚度和吊顶厚度。

⑨ 建筑总高度。指室外地坪至檐口顶部的总高度。

⑩ 建筑面积。指建筑物长度、宽度外包尺寸的乘积再乘以层数。它由使用面积、交通面积和结构面积组成。

⑪ 使用面积。指主要使用房间和辅助使用房间的净面积(净面积为轴线尺寸减去墙厚所得的净尺寸的乘积)。

⑫ 交通面积。指走道、楼梯间、电梯间等交通联系设施的净面积。

⑬ 结构面积。指墙体、柱所占的面积。

2.2 建筑平面设计

一般而言,一幢建筑物是由若干单体空间有机地组合起来的整体空间,任何空间都具有三度性。因此,在进行建筑设计的过程中,人们常从平面、剖面、立面三个不同方向的投影来综合分析建筑物的各种特征,并通过相应的图示来表达其设计意图。

建筑的平面、剖面、立面设计三者是密切联系而又互相制约的。平面设计是关键,它集中反映了建筑平面各组成部分的特征及其相互关系、使用功能的要求、是否经济合理。除此之外,建筑平面与周围环境的关系、建筑是否满足建筑平面设计的要求,还不同程度地反映建筑空间艺术构思及结构布置关系等。一些简单的民用建筑,如办公楼、单元式住宅等,其平面布置基本上能反映建筑空间的组合。因此,在进行方案设计时,总是先从平面入手,同时认真分析剖面及立面的可能性和合理性,及其对平面设计的影响。只有综合考虑平、立、剖三者的关系,按完整的三度空间概念去进行设计,才能做好一个建筑设计。

1) 平面设计的内容

民用建筑类型繁多,各类建筑房间的使用性质和组成类型也不相同。无论是由几个房间组成的小型建筑物或由几十个甚至上百个房间组成的大型建筑物,从组成平面各部分的使用性质来分析,均可归纳为以下两个组成部分,即使用部分和交通联系部分。

使用部分是指各类建筑物中的主要使用房间和辅助使用房间。主要使用房间是建筑物的核心,由于它们的使用要求不同,形成了不同类型的建筑物。如住宅中的起居室、卧室,教学楼中的教室、办公室,商业建筑中的营业厅,影剧院的观众厅等都是构成各类建筑的基本空间。

辅助使用房间是为保证建筑物主要使用要求而设置的,与主要使用房间相比,则属于建筑物的次要部分,如公共建筑中的卫生间、贮藏室及其他服务性房间,住宅建筑中的厨房、厕所,一些建筑物中的贮藏室及各种电气、水、采暖、空调通风、消防等设备用房。

交通联系部分是建筑物中各房间之间、楼层之间和室内与室外之间联系的空间,如各类建筑物中的门厅、走道、楼梯间、电梯间等。

以上几个部分由于使用功能不同,在房间设计及平面布置上均有不同,设计中应根据不同要求区别对待,采用不同的方法。建筑平面设计的任务就是充分研究几个部分的特征和相互关系,以及平面与周围环境的关系,在各种复杂的关系中找出平面设计的规律,使建筑能满足功能、技术、经济、美观的要求。

建筑平面设计包括单个房间平面设计及平面组合设计。

单个房间设计是在整体建筑合理而适用的基础上,确定房间的面积、形状、尺寸以及门窗的大小和位置。

平面组合设计是根据各类建筑功能要求,抓住主要使用房间、辅助使用房间、交通联系部分的相互关系,结合基地环境及其他条件,采取不同的组合方式将各单个房间合理地组合起来。

建筑平面设计所涉及的因素很多,如房间的特征及其相互关系、建筑结构类型及其布局、建筑材料、施工技术、建筑造价、节约用地以及建筑造型等方面的问题。因此,平面设计实际上就是研究解决建筑功能、物质技术、经济及美观等问题。

2) 建筑平面的组合设计

每一幢建筑物都是由若干房间组合而成的。建筑平面组合涉及的因素有很多,如基地环境、使用功能、物质技术、建筑美观、经济条件等。进行组合设计时,必须在熟悉各组成部分的基础上,紧密结合具体情况,通过调查研究,综合分析各种制约因素,分清主次,认真处理好各方面的关系,如建筑内部与总体环境的关系,建筑物内部各房间与整个建筑之间的关系,建筑使用要求与物质技术、经济条件之间的关系等。在组合过程中反复思考,不断调整修改,使平面设计趋于完善。建筑平面的组合,实际上是建筑空间在水平方向的组合,这一组合必然导致建筑物内外空间和建筑形体在水平方向予以确定,因此在进行平面组合设计时,可以及时勾画建筑物形体的立体草图,考虑这一建筑物在三度空间中可能出现的空间组合及其形象,即从平面设计入手,但是着眼于建筑空间的组合。如何将单个房间与交通联系部分组合起来,使之成为一个使用方便、结构合理、体型简洁、构图完整、造价经济及与环境协调的建筑物,这就是平面组合设计的任务。

(1) 影响平面组合的因素

不同的建筑,由于性质不同,也就有不同的功能要求。一幢建筑物的合理性不仅体现在单个房间上,而且很大程度取决于各种房间功能要求的组合上。如教学楼设计中,虽然教室、办公室本身的大小、形状、门窗布置均满足使用要求,但它们之间的相互关系及走道、门厅、楼梯的布置不合理,就会造成不同程度的干扰,人流交叉、使用不便。因此,可以说使用功能是平面组合设计的核心。

平面组合的优劣主要体现在合理的功能分区及明确的流线组织两个方面。当然,采光、通风、朝向等要求也应予以充分的重视。

• 合理的功能分区。合理的功能分区是将建筑物若干部分按不同的功能要求进行分类,并根据它们之间的密切程度加以划分,使之分区明确,联系方便。在分析功能关系时,常借助于功能分析图来形象地表示各类建筑的功能关系及联系顺序。按照功能分析图将性质相同、联系密切的房间邻近布置或组合在一起,将使用中有干扰的部分适当分隔。这样,既满足联系密切的要求,又能创造相对独立的使用环境。

具体设计时,可根据建筑物不同的功能特征,从以下几个方面进行分析:

a) 主次关系。组成建筑物的各房间,按使用性质及重要性必然存在着主次之分。在平面组合时应分清主次、合理安排。如教学楼中,教室、实验室是主要使用房间,办公室、管理室、厕所等则属于次要房间;居住建筑中的居室是主要房间,厨房、厕所、贮藏室是次要房间;商业建筑中的营业厅,影剧院中的观众厅、舞台皆属主要房间。

平面组合中,一般是将主要使用房间布置在朝向较好的位置,靠近主要出入口,并有良好的采光通风条件,次要房间可布置在条件较差的位置。

b) 内外关系。各类建筑的组成房间中,有的对外联系密切,直接为公众服务,有的对内关系密切,供内部使用。如办公楼中的接待室、传达室是对外的,而各种办公室是对内的。又如影剧院的观众厅、售票房、休息厅、公共厕所是对外的,而办公室、管理室、贮藏室是对内的。平面组合时应妥善处理功能分区的内外关系,一般是将对外联系密切的房间布置在交通枢纽附近,位置明显便于直接对外,而将对内性强的房间布置在较隐蔽的位置。

c) 联系与分隔。在分析功能关系时,常根据房间的使用性质如"闹"与"静"、"清"与"污"等方面反映的特性进行功能分区,使其既分隔而互不干扰且又有适当的联系。如教学楼中的普通教室和音乐教室同属教室,它们之间联系密切,但为防止声音干扰,必须适当隔开;教室与办公室之间要求方便联系,但为了避免学生影响教师的工作,需适当隔开。

• 明确的流线组织。各类民用建筑,因使用性质不同,往往存在着多种流线,归纳起来分为人流及货流两类。所谓流线组织明确,即是要使各种流线简捷、通畅,不迂回逆行,尽量避免相互交叉。

在建筑平面设计中,各房间一般是按使用流线的顺序关系有机地组合起来的。因此,流线组织合理与否,直接影响到平面组合是否紧凑、合理,平面利用是否经济等。如展览馆建筑,各展室常常是按人流参观路线的顺序连贯起来。火车站建筑有旅客进出站路线、行包线,人流路线按先后顺序为到站—问讯—购票—候车—检票—上车,出站时经由站台验票出站。平面布置时以人流线为主,使进出站及行包线分开,并尽量缩短各种流线的长度。

(2) 结构类型

建筑结构与材料是构成建筑物的物质基础,在很大程度上影响着建筑的平面组合。因此,平面组合在考虑满足使用功能要求的前提下,应选择经济合理的结构方案,并使平面组合与结构布置协调一致。

目前民用建筑常用的结构类型有三种,即混合结构、框架结构、空间结构。

① 混合结构。建筑物的主要承重构件有墙、柱、梁板、基础等,以砖墙和钢筋混凝土梁板的混合结构最为普遍。这种结构形式的优点是构造简单、造价较低,其缺点是房间尺寸受钢筋混凝土梁板经济跨度的限制,室内空间小,开窗也受到限制,仅适用于房间开间和进深尺寸较小、层数不多的中小型民用建筑,如住宅、中小学校、医院及办公楼等。

混合结构根据受力方式可分为横墙承重、纵墙承重、纵横墙承重等三种方式。对于房间开间尺寸部分相同,且符合钢筋混凝土板经济跨度的重复小间建筑,常采用横墙承重。当房间进深较统一,进深尺寸较大且符合钢筋混凝土板的经济跨度,但开间尺寸多样,要求布置灵活时,可采用纵墙承重,如要求开间较大的教学楼、办公楼等。

② 框架结构。框架结构的主要特点是承重系统与非承重系统有明确的分工,支承建筑空间的骨架如梁、柱是承重系统,而分隔室内外空间的围护结构和轻质隔墙是不承重的。这种结构形式强度高,整体性好,刚度大,抗震性好,平面布局灵活性大,开窗较自由,但钢材、水泥用量大,造价较高,适用于开间、进深较大的商店、教学楼、图书馆之类的公共建筑以及多高层住宅、旅馆等。

③ 空间结构。随着建筑技术、建筑材料和结构理论的进步,新型高效的建筑结构也在飞速地发展,出现了各种大跨度的新型空间结构,如薄壳、悬索、网架等。这类结构用材经济,受力合理,并为解决大跨度的公共建筑提供了有利条件。

（3）设备管线

民用建筑中的设备管线主要包括给水、排水、采暖、空气调节以及电气照明、通信等所需的设备管线,它们都占有一定的空间。在进行平面组合时,除应考虑一定的设备位置,恰当地布置相应的房间,如厕所、盥洗间、配电室、空调机房、水泵房等以外,对于设备管线比较多的房间,如住宅中的厨房、厕所,学校、办公楼中的厕所、盥洗间,旅馆中的客房卫生间、公共卫生间等,在满足使用要求的同时,应尽量将设备管线集中布置、上下对齐,方便使用,有利于施工和节约管线。

（4）建筑造型

建筑平面组合除受到使用功能、结构类型、设备管线的影响外,建筑造型在一定程度上也影响到平面组合。当然,造型本身是离不开功能要求的,它一般是内部空间的直接反映。但是,简洁、完整的造型要求以及不同建筑的外部性格特征又会反过来影响平面布局及平面形状。一般说来,简洁、完整的建筑造型无论对缩短内部交通流线,还是对于结构简化、节约用地、降低造价以及抗震性能等都是极为有利的。

（5）平面组合形式

各类建筑由于使用功能不同，房间之间的相互关系也不同。有的建筑由一个个大小相同的重复空间组合而成，它们彼此之间没有一定的使用顺序关系，各房间形成既联系又相对独立的封闭形房间，如学校、办公楼；有的建筑主要有一个大房间，其他均为从属房间，环绕着这个大房间布置，如电影院、体育馆；有的建筑，房间按一定序列排列而成，即排列顺序完全按使用联系顺序而定，如展览馆、火车站等。平面组合就是根据使用功能特点及交通路线的组织，将不同房间组合起来。这些平面组合大致可以归纳为如下几种形式：

① 走道式组合。走道式组合的特点是使用房间与交通联系部分明确分开，各房间沿走道（走廊）一侧或两侧并列布置，房间门直接开向走道，通过走道相互联系；各房间基本上不被交通穿越，能较好地保持相对独立性。走道式组合的优点是各房间有直接的天然采光和通风，结构简单，施工方便等。因此，这种形式广泛应用于一般性的民用建筑，特别适用于房间面积不大、数量较多的重复空间组合，如学校、宿舍、医院、旅馆等。

② 套间式组合。套间式组合的特点是用穿套的方式按一定的序列组织空间。房间与房间之间相互穿套，不再通过走道联系。这种形式通常适用于房间的使用顺序和连续性较强，使用房间不需要单独分隔的情况，如展览馆、火车站、浴室等建筑类型。套间式组合按其空间序列的不同又可分为串联式和放射式两种。串联式是按一定的顺序关系将房间连接起来，放射式是将各房间围绕交通枢纽呈放射状布置。

③ 大厅式组合。大厅式组合是以公共活动的大厅为主，穿插布置辅助房间。这种组合的特点是主体房间使用人数多、面积大、层高大，辅助房间与大厅相比，尺寸大小悬殊，常布置在大厅周围并与主体房间保持一定的联系。

④ 单元式组间。将关系密切的房间组合在一起成为一个相对独立的整体，称为单元。将一种或多种单元按地形和环境情况在水平或垂直方向重复组合起来成为一幢建筑，这种组合方式称为单元式组合。

单元式组合的优点是能提高建筑标准化，节省设计工作量，简化施工，同时功能分区明确，平面布置紧凑。单元与单元之间相对独立，互不干扰。除此以外，单元式组合布局灵活，能适应不同的地形，形成多种不同组合形式，因此广泛用于大量的民用建筑，如住宅、学校、医院等。

以上是民用建筑常用的平面组合形式，随着时代的发展，使用功能也必然会发生变化，加上新结构、新材料、新设备的不断出现，新的形式将会层出不穷，如自由灵活的大空间分隔形式及庭园式空间组合形式等。

3）建筑平面组合与总平面的关系

任何一幢建筑物（或建筑群）都不是孤立存在的，而是处于一个特定的环境之中，它在基地上的位置、形状、平面组合、朝向、出入口的布置及建筑造型等都必然受到总体规划及基地条件的制约。由于基地条件不同，相同类型和规模的建筑会有不同的组合形式，即使是基地条件相同，由于周围环境不同，其组合也不会相同。为使建筑既满足使用要求，又能与基地环境协调一致，首先必须做好总平面设计，即根据使用功能要求，结合城市规划的要求、场地的地形地质条件、朝向、绿化以及周围建筑等因地制宜地进行总体布置，确定主要出入口的位置，进行总平面功能分区，在功能分区的基础上进一步确定单体建筑的布置。

总平面功能分区是将各部分建筑按不同的功能要求进行分类，将性质相同、功能相近、联系密切、对环境要求一致的部分划分在一起，组成不同的功能区，各区相对独立并成为一个有机的整体。

进行总平面功能分析，一般应考虑以下几点要求：

（1）各区之间相互联系的要求。如中学教室、实验室、办公室、操场等之间是如何联系的，它们之间的交通关系又是如何组织的。

（2）各区相对独立与分隔的要求。如学校的教师用房（办公、备课及教工宿舍）既要考虑与教室有较方便的联系又要求有相对的独立性，避免干扰，并适当分隔。

（3）室内用房与室外场地的关系。可通过交通组织、合理布置各出入口来加以解决。

2.3 建筑剖面设计

剖面设计确定建筑物各部分高度、建筑层数、建筑空间的组合与利用，以及建筑剖面中的结构、构造关系等。它与平面设计是从两个不同的方面来反映建筑物内部空间的关系。平面设计着重解决内部空间的水平方向上的问题。而剖面设计则主要研究竖向空间的处理，两个方面同样都涉及建筑的使用功能、技术经济条件、周围环境等问题。

剖面设计主要包括以下内容：

（1）确定房间的剖面形状、尺寸及比例关系。

（2）确定房屋的层数和各部分的标高，如层高、净高、窗台高度、室内外地面标高。

（3）解决天然采光、自然通风、保温、隔热、屋面排水及选择建筑构造方案。

（4）选择主体结构与围护结构方案。

（5）进行房屋竖向空间的组合,研究建筑空间的利用。

1）房间的剖面形状

（1）分类和要求

房间的剖面形状分为矩形和非矩形两类,大多数民用建筑均采用矩形。这是因为矩形剖面简单、规整、便于竖向空间的组合,容易获得简洁而完整的体型,同时结构简单,施工方便。非矩形剖面常用于有特殊要求的房间。

房间的剖面形状主要是根据使用要求和特点来确定,同时也要结合具体的物质技术、经济条件及特定的艺术构思考虑,使之既满足使用,又能达到一定的艺术效果。

（2）使用要求

在民用建筑中,绝大多数的建筑是属于一般功能要求的,如住宅、学校、办公楼、旅馆、商店等。这类建筑房间的剖面形状多采用矩形,这是因为矩形剖面不仅能满足这类建筑的要求,而且具有上面谈到的一些优点。对于某些特殊功能要求（如视线、音质等）的房间,则应根据使用要求选择适合的剖面形状。

有视线要求的房间主要是指影剧院的观众厅、体育馆的比赛大厅、教学楼中阶梯教室等。这类房间除平面形状、大小满足一定的视距、视角要求外,地面应有一定的坡度,以保证良好的视觉要求,即舒适、无遮挡地看清对象。

地面的升起坡度与设计视点的选择、座位排列方式（即前排与后排对位或错位排列）、排距、视线升高值（即后排与前排的视线升高差）等因素有关。

设计视点是指按设计要求所能看到的极限位置,以此作为视线设计的主要依据。各类建筑由于功能不同,观看对象性质不同,设计视点的选择也不一致。如电影院定在银幕底边的中点,这样可保证观众看清银幕的全部;体育馆定在篮球场边线或边线上空 300～500 mm 处等。设计视点选择是否合理,是衡量视觉质量好坏的重要标准,直接影响到地面升起的坡度和经济性。设计视点愈低,视觉范围愈大,但房间地面升起坡度愈大;设计视点愈高,视野范围愈小,地面升起坡度愈平缓。一般说来,当观察对象低于人的眼睛时,地面起坡大,反之则起坡小。

2）剖面设计应适应设备布置的需要

建筑设计中,对房间高度有影响的设备布置,主要是电气系统中照明、通信、动力（小负荷）等管线的敷设,空调管道的位置和走向,冷、热水上、下水管道的位置和走向,以及其他专用设备的位置等。例如医院手术室内设有下悬式无影灯时,室内的净高就要相应有所提高。又如某档案馆,跨度大（11 m）,楼面负荷重,楼板厚,梁很高,梁下又有空调管道,空调又是通过吊顶板的孔均匀送风,顶板和管道之间还要有一定距离,另外还要有灯具、烟感器、自动灭火器等的位置,结果使这个层高为4.2 m的档案馆的室内净高仅有2.7 m。可见设备布置对剖面设计的影响不容忽视。当今建筑中采用新设备多,它们直接影响着层高、层数、立面造型等。因此,在剖面设计时应慎重对待。

3) 剖面设计要与建筑艺术相结合

建筑艺术在某种程度上可以说是空间艺术。各种空间给人以不同的感受,人们视觉上的房间高低通常具有一定的相对性。例如一个狭而高的空间,由于它所处的位置不同,会使人产生不同的感受,它在某种位置上会使人们感到拘谨。这时需要降低它的净高,使人感到亲切。但是,窄高的空间容易引起人们向上看,把它放在恰当的部位,利用它的窄高,可起引导作用。也有不少建筑利用窄高的空间来获得崇高、雄伟的艺术效果。因此,在确定房间净高的时候,要有全面的观点和具体的空间观念。

4) 剖面设计要充分利用空间

提高建筑空间的利用率是建筑设计的一个重要课题,利用率一是水平方向的,表现于平面上;另一是垂直方向的,表现于剖面上。空间的充分利用主要有赖于良好的剖面设计。例如住宅设计中,小居室床位上都放吊柜,可增加贮藏面积,在入口部分的过道上空做些吊柜,既可增加贮藏面积,又好像降低了层高,使住宅具有小巧感,使人感到亲切。一些公共建筑的空间高大,充分利用其空间来增设夹层、跃廊等,可以增加面积、节约投资,同时还可利用夹层丰富空间的变化,增强室内的艺术效果。

跃层建筑的设计目的是节省公共交通面积,减少干扰,主要用于每户建筑面积较多的住宅设计,也可用于公共建筑。在剖面设计中应注意楼梯和层高的高度问题。错层的剖面设计主要适用于建筑物纵向或横向需随地形分段而高低错开的情况。可利用室外台阶解决上下层入口的错层问题,也可利用室内楼梯,选用楼梯梯段数量,调整梯段的踏步数,使楼梯平台的标高和错层地面的标高一致。

2.4 建筑体型及立面设计

1) 概述

建筑不仅要满足人们生产、生活等物质功能的要求,而且要满足人们精神文化方面的要求。为此,不仅要赋予它实用属性,同时也要赋予它美观的属性。建筑的美观主要是通过内部空间及外部造型的艺术处理来体现,同时也涉及建筑的群体空间布局,而其中建筑物的外观形象经常、广泛地被人们所接触,对人的精神感受上产生的影响尤为深刻。比如轻巧、活泼、通透的园林建筑,雄伟、庄严、肃穆的纪念性建筑,朴素、亲切、宁静的居住建筑以及简洁、完整、挺拔的高层公共建筑,等等。

体型和立面设计着重研究建筑物的体量大小、体型组合、立面及细部处理等。在满足使用功能和经济合理的前提下,运用不同的材料、结构形式、装饰细部、构图手法等创造出预想的意境,从而不同程度地给人以庄严、挺拔、明朗、轻快、简洁、朴素、大方、亲切的印象,加上建筑物体型庞大、与人们目光接触频繁,因此具有独特的表现力和感染力。

建筑体型和立面设计是整个建筑设计的重要组成部分。外部体型和立面反映内部空间的特征,但绝不能简单地理解为体型和立面设计只是内部空间的最后加工,是建筑设计完成后的最后处理,而应与平、剖面设计同时进行,并贯穿于整个设计的始终。在方案设计一开始就应在功能、物质技术条件等制约下按照美观的要求考虑建筑体型及立面的雏形。随着设计的不断深入,在平、剖面设计的基础上对建筑外部形象从总体到细部反复推敲、协调、深化,使之达到形式与内容完美的统一,这是建筑体型和立面设计的主要方法。

建筑体型和立面是不可分割的。体型设计反映建筑外形总的体量、形状、组合、尺度等空间效果,是建筑形象的基础。但是,只有体型美还不够,还须在建筑的各个立面设计中进一步地刻画和完善,才能获得完美的建筑形象。

建筑体型和立面设计虽然各有不同的设计方法,但是它们都要遵循建筑形式美的基本规律,按照建筑构图要点,结合功能使用要求和结构、构造、材料、设备、施工等物质技术手段,从大处着眼,逐步深入,对每个细部反复推敲,力求达到比例协调、形象完美。

建筑体型和立面设计不能离开物质技术发展的水平和特定的功能、环境而任意塑造,它在很大程度上要受到使用功能、材料、结构施工技术、经济条件及周围环境的制约。因此,每一幢建筑物都具有自己独特的形式和特点。除此之外,还要受到不同国家的自然社会条件、生活习惯和历史传统等各方面综合因素的影响,建筑外形不可避免地要反映出特定历史时期、特定民族和地区的特点,使之具有时代气息、民族风格和地区特色。只有全面考虑上述因素,运用建筑艺术造型构图规律来塑造建筑体型和立面造型,才能创造出真实而具有强烈感染力的建筑形象。

2) 建筑的立面设计

立面设计是在符合功能使用要求和结构、构造合理的基础上,紧密结合内部空间设计,对建筑体型作进一步的刻画处理。建筑的各立面可以看成是许多构部件,如门、窗、墙、柱、垛、雨篷、屋顶、檐部、台阶、勒脚、凹廊、阳台、线脚、花饰等组成。

恰当地确定这些组成部分和构部件的比例、尺度、材料、质地、色彩等,运用构图要点,设计出与整体协调、与内容统一、与内部空间相呼应的建筑立面,就是立面设计的主要任务。

建筑立面设计一般包括建筑各个面的设计,并按正投影方法予以绘制。实际上,建筑造型是一种三度空间的艺术,我们看到的建筑都是透视效果,而且还是视点不断移动时的透视效果。如果加上时间的因素,可以说建筑是四度空间的艺术。因此,我们在立面设计中,除单独确定各个立面以外,还必须对实际空间效果加以研究,使每个立面之间相互协调,形成有机的统一整体。

(1)墙面的设计

建筑的外墙面对该建筑的特性、风格和艺术的表达起相当重要的作用。墙面处理最关键的问题就是如何把墙、垛、柱、窗、洞、槛墙等各种要素组织在一起,使之有条有理、有秩序、有变化。墙面的处理不能孤立地进行,它必然要受到内部房间划分以及柱、梁、板等结构体系的制约。为此,在组织墙面时,必须充分利用这些内在要素的规律性来反映内部空间和结构的特点。同时,还要使墙面具有美好的形式,使之具有良好的比例、尺寸,特别是具有各种形式的韵律感。墙面设计,首先要巧妙地安排门、窗和窗间墙,恰当地组织阳台、凹廊等。还可借助于窗间墙的墙垛、墙面上的线脚以及为分隔窗用的隔片、为遮阳用的纵横遮阳板等,来赋予墙面以更多的变化。因此,建筑的墙面处理具有很大的灵活性,其运用之妙,存乎一心。

(2)建筑虚实与凹凸的处理

建筑的"虚"指的是立面上的空虚部分,如玻璃门窗洞口、门廊、空廊、凹廊等,它们给人以不同程度的空透、开敞、轻巧的感觉;"实"指的是立面上的实体部分,如墙面、柱面、台阶踏步、脚、屋面、栏板等,它们给人以不同程度的封闭、厚重、坚实的感觉。以虚为主的手法大多能赋予建筑以轻快、开朗的特点;以实为主的手法大多能赋予建筑以厚重、坚实、雄伟的气氛。立面凹凸关系的处理,可以丰富立面效果,加强光影变化,组织体量变化,突出重点和安排韵律节奏。较大的凹凸变化给人以强烈的起伏感,小的凹凸安排会使人感到变化起伏柔和。

虚实与凹凸的处理对于建筑外观效果的影响极大。虚与实、凹与凸既是相互对立的,又是相辅相成和统一的。虚实凹凸处理必然要涉及墙面、柱、阳台、凹廊、门窗、排檐、门廊等的组合问题。为此,必须巧妙地利用建筑物的功能特点,把以上要素有机地组合在一起,统一和谐地显示整个建筑虚与实、凹与凸的对比与变化艺术。虚实与凹凸的处理常常给建筑带来活力,巧妙安排虚实对比和凹凸变化是创造建筑艺术形象的重要手法。

国内某些建筑利用框架结构的特点,采用了大面积的带形窗,或上下几层连通的玻璃窗,从而使虚实对比更加强烈了。目前一些建筑设计者利用大幅度的凹凸和虚实的对比与变化,赋予了建筑更大的活力。

（3）立面上的重点与细部处理

突出建筑物立面中的重点,既是建筑造型的设计手法,也是建筑使用功能的需要。突出建筑物的重点,实质上是建筑构图中主从设计的一个方面。

但建筑立面设计中的主从关系还是有别于建筑体量上的主从关系的,后者一般从大的方面、从较远距离看建筑来考虑,而前者除了注重大体上远距离看建筑外,还重视近距离看建筑。立面的重点处理多重视对人的视线的引导,其处理效果一般是通过对比的手法取得。例如住宅的立面设计,为了显示入口,常常把入口的上部做些花饰。有的则将楼梯间的窗子设计得特殊一些,有的则将入口部位设计得突出于整体,同时,还可在门上加雨罩、门斗或花格等。又如办公楼,通常主体简洁,常采用大门廊作重点处理,以突出主要入口,并增强办公楼的庄严气氛。

总之,在建筑立面设计中,利用阳台、凹廊、柱式、檐部、门斗、门廊、雨篷、台阶、踏步等的凹进凸出,可收到对比强烈、光影辉映、明暗交错之效。同时,利用窗户的大小、形状、组织变化、重点装饰等手法,也都可丰富立面的艺术感,更好地表现建筑性格。

3）影响体型和立面设计的因素

（1）使用功能

建筑是为了满足人们生产和生活需要而创造出的物质空间环境。根据使用功能的要求,结合物质技术、环境条件确定房间的形状、大小、高低,并进行房间的组合。而室内空间与外部体型又是互相制约不可分割的两个方面。房屋外部形象反映建筑内部空间的组合特点,美观问题紧密地结合功能要求,这正是建筑艺术有别于其他艺术的特点之一。因此,各类建筑由于使用功能的千差万别,室内空间全然不同,在很大程度上必然导致不同的外部体型及立面特征。

（2）物质技术条件

建筑不同于一般的艺术品,它必须运用大量的材料并通过一定的结构施工技术等手段才能建成。因此,建筑造型及立面设计必然在很大程度上受到物质技术条件的制约,并反映出结构、材料和施工的特点。

现代新结构、新材料、新技术的发展给建筑外形设计提供了更大的灵活性和多样性。特别是各种空间结构的大量运用,更加丰富了建筑物的外观形象,使建筑造型千姿百态。

由于施工技术本身的局限性,各种不同的施工方法对建筑造型都具有一定的影响。如采用各种工业化施工方法的建筑滑模建筑、升板建筑、盒子建筑等都具有各自不同的外形特征。

（3）城市规划及环境条件

建筑本身就是构成城市空间和环境的重要因素,它不可避免地要受到城市规划、基地环境的某些制约。另外,任何建筑都是必定坐落在一定的基地环境之中,要处理得协调统一,与环境融合一体,就必须和环境保持密切的联系。所以建筑基地的地形、地质、气候、方位、朝向、形状、大小、道路、绿化以及原有建筑群的关系等,都对建筑外部形象有极大的影响。

（4）社会经济条件

建筑物从总体规划、建筑空间组合、材料选择、结构形式、施工组织直到维修管理等都包含着经济因素。建筑外形应本着勤俭节约的精神,严格掌握质量标准,尽量节约资金。应当提出,建筑外形的艺术美并不是以投资的多少为决定因素。事实上只要充分发挥设计者的主观能动性,在一定的经济条件下巧妙地运用物质技术手段和构图法则,努力创新,完全可以设计出适用、安全、经济、美观的建筑物来。

2.5 高层建筑设计

1）高层建筑的分类

高层建筑的分类见表 2.1。

表 2.1 高层建筑的分类

名称	一类	二类
居住建筑	高级住宅 19 层及 19 层以上的普通住宅	10～18 层的普通住宅
公共建筑	（1）医院 （2）高级旅馆 （3）建筑高度超过 50 m 或每层建筑面积超过 1 000 m² 的商业楼、展览楼、综合楼、电信楼、财贸金融楼 （4）建筑高度超过 50 m 或每层建筑面积超过 1 500 m² 的商住楼 （5）中央级或省级（含计划单列市）广播电视楼 （6）厅局级和省级（含计划单列市）电力调度楼 （7）省级（含计划单列市）邮政楼、防灾指挥调度楼 （8）藏书超过 100 万册的图书馆、书库 （9）重要的办公楼、科研楼、档案楼 （10）建筑高度超过 50 m 的教学楼和普通旅馆、办公楼、科研楼、档案楼	（1）除一类建筑以外的商业楼、展览楼、综合楼、电信楼、财贸金融楼、商住楼、图书馆、书库 （2）省级以下的邮政楼、防灾指挥调度楼、广播电视楼、电力调度楼 （3）建筑高度不超过 50 m 的教学楼和普通的旅馆、办公楼、科研楼、档案楼

2）高层建筑的结构选型

高层建筑主要采用四大结构体系,它们是框架结构、框筒框剪结构、剪力墙结构和筒体结构。四大结构体系的允许建造高度详见表 2.2。

表 2.2 四大结构体系的允许建造高度 （单位:m）

结构体系		非抗震设计	抗震设防烈度			
			6度	7度	8度	9度
框架	现浇	60	60	56	45	25
	装配整体	50	50	35	25	—
框剪	现浇	130	130	120	100	50
	装配整体	100	100	90	70	—
现浇剪力墙	无框支墙	140	140	120	100	60
	部分框支墙	120	120	100	80	—
筒中筒及成束筒		180	180	1150	120	70

3) 高层建筑的主要构造

（1）楼板

① 压型钢板组合式楼板。

② 现浇钢筋混凝土楼板。

（2）墙体

① 填充墙,如加气混凝土砌块墙、焦渣砌块墙等。

② 幕墙,如玻璃幕墙等。

（3）基础

① 板式基础。

② 箱形基础。

③ 扩孔墩基础。

2.6 建筑空间的组合与利用

建筑空间组合就是根据内部使用要求,结合基地环境等条件将各种不同形状、大小、高低的空间组合起来,使之成为使用方便、结构合理、体型简洁完美的整体。空间组合包括水平方向及垂直方向的组合关系,前者除反映功能关系外,还反映出结构关系以及空间的艺术构思。而剖面的空间关系也在一定程度上反映出平面关系,因而将两方面结合起来就成为一个完整的空间概念。

1) 建筑空间的组合

在进行建筑空间组合时,应根据使用性质和使用特点将各房间进行合理的垂直分区,做到分区明确、使用方便、流线清晰。同时应注意结构合理,设备管线集中。对于不同空间类型的建筑也应采取不同的组合方式。

(1) 重复小空间的组合

这类空间的特点是大小、高度相等或相近,在一幢建筑物内房间的数量较多,功能要求各房间应相对独立。因此常采用走道式和单元式的组合方式,如住宅、医院、学校、办公楼等。组合中常将高度相同、使用性质相近的房间组合在同一层上,以楼梯将各垂直排列的空间联系起来构成一个整体。由于空间的大小、高低相等,对于统一各层楼地面标高、简化结构是有利的。

有的建筑由于使用要求或房间大小不同,出现了高低差别。如学校中的教室和办公室,由于容纳人数不同,使用性质不同,教室的高度相应比办公室大些。为了节约空间、降低造价,可将它们分别集中布置,采取不同的层高。以楼梯或踏步来解决这两部分空间的联系。

(2) 大小、高低相差悬殊的空间组合

① 以大空间为主体穿插布置小空间。有的建筑如影剧院、体育馆等,虽然有多个空间,但其中有一个空间是建筑主要功能所在,其面积和高度都比其他房间大得多。空间组合常以大空间(观众厅和比赛大厅)为中心,在其周围布置小空间,或将小空间布置在大厅看台下面,充分利用看台下的结构空间。这种组合方式应处理好辅助空间的采光、通风以及运动员、工作人员的人流交通问题。

② 以小空间为主灵活布置大空间。某些类型的建筑,如教学楼、办公楼、旅馆、临街带商店的住宅等,虽然构成建筑物的绝大部分房间为小空间,但由于功能要求还需布置少量大空间,如教学楼中的阶梯教室、办公楼中的大会议室、旅馆中的餐厅、临街住宅中的营业厅等。这类建筑在空间组合中常以小空间为主形成主体,将大空间附建于主体建筑旁,从而不受层高与结构的限制;或将大小空间上下叠合起来,分别将大空间布置在顶层或一、二层。

③ 综合性空间组合。有的建筑由于满足多种功能的要求,常由若干大小、高低不同的空间组合起来形成多种空间的组合形式。如文化宫建筑中有较大空间的电影厅、餐厅、健身房等,又有阅览室、门厅、办公室等空间要求不同的房间。又如图书馆建筑中的阅览室、书库、办公等用房在空间要求上也不一致。阅览室要求较好的天然采光和自然通风,层高一般为 4~5 m,而书库是为了保证最大限度地藏书及取用方便,层高一般为 2.2~2.5 m。对于这一类复杂空间的组合不能仅局限于一种方式,必须根据使用要求,采用与之相适应的多种组合方式。

(3) 错层式空间组合

当建筑物内部出现高低差,或由于地形的变化使房屋几部分空间的楼地面出现高低错落现象时,可采用错层的处理方式使空间取得和谐统一。具体处理方式如下:

① 以踏步或楼梯联系各层楼地面以解决错层高差。有的公共建筑,如教学

楼、办公楼、旅馆等主要使用房间空间高度并不高,为了丰富门厅空间变化并得到合适的空间比例,常将门厅地面降低。这种高差不大的空间联系常借助于少量踏步来解决。

当组成建筑物的两部分空间高差较大,或由于地形起伏变化,房屋几部分之间楼地面高低错落,这时常利用楼梯间解决错层高差。通过调整梯段踏步的数量,使楼梯平台与错层楼地面标高一致。这种方法能够较好地结合地形、灵活地解决纵横向的错层高差。

② 以室外台阶解决错层高差。如垂直等高线布置的住宅建筑,各单元垂直错落,错层高差为一层,均由室外台阶到达楼梯间。这种错层方式较自由,可以随地形变化相当灵活地进行随意错落。

(4)台阶式空间组合

台阶式空间组合的特点是建筑由下至上形成内收的剖面形式,从而为人们提供了进行户外活动及绿化布置的露天平台。此种建筑形式如用于连排的总体布置中,可以减少房屋间距,取得节约用地的效果。同时由于台阶式建筑采用了竖向叠层、向上内收、垂直绿化等手法,从而丰富了建筑外观形象。

2)建筑空间的利用

建筑空间的利用涉及建筑的平面及剖面设计。充分利用室内空间不仅可以增加使用面积、节约投资,而且,如果处理得当还可以起到改善室内空间比例、丰富室内空间艺术的效果。因此,合理地、最大限度地利用空间以扩大使用面积,是空间组合的重要问题。

(1)夹层空间的利用

公共建筑中的营业厅、体育馆、影剧院、候机楼等,由于功能要求其主体空间与辅助空间在面积和层高上常常不一致,因此常采取在大空间周围布置夹层的方式,从而达到利用空间及丰富室内空间的效果。

在设计夹层的时候,特别在多层公共大厅中(如营业厅)应特别注意楼梯的布置和处理,应充分利用楼梯平台的高差来适应不同层高的需要,以不另设楼梯为好。

(2)房间上部空间的利用

房间上部空间主要是指除了人们日常活动和家具布置以外的空间。如住宅中常利用房间上部空间设置搁板、吊柜作为贮藏之用。

(3)结构空间的利用

在建筑物中,随着墙体厚度的增加,所占用的室内空间也相应增加。因此充分利用墙体空间可以起到节约空间的作用。通常多利用墙体空间设置壁龛、窗台柜。

利用角柱布置书架及工作台。

除此之外,设计中还应将结构空间与使用功能要求的空间在大小、形状、高低上尽量统一起来,以达到最大限度地利用空间。

(4) 楼梯间及走道空间的利用

一般民用建筑楼梯间底层休息平台下至少有半层高。为了充分利用这部分空间,可采取降低平台下地面标高,或增加第一梯段高度以增加平台下的净空高度,作为布置贮藏室及辅助用房和出入口之用。同时,楼梯间顶层有一层半空间高度,可以利用部分空间布置一个小贮藏间。

民用建筑走道主要用于人流通行,其面积和宽度都较小,因此高度也相应要求低些。但从简化结构考虑,走道和其他房间往往采取相同的层高。为充分利用走道上部多余的空间,常利用走道上空布置设备管道及照明线路。居住建筑中常利用走道上空布置贮藏空间。这样处理不但充分利用了空间,也使走道的空间比例尺度更加协调。

复习思考题

1. 民用建筑由哪几部分组成?各有何作用?
2. 什么是房屋的定位轴线?
3. 民用建筑常用的名词术语有哪些?
4. 平面设计包含哪些基本内容?
5. 影响平面设计的因素有哪些?
6. 剖面设计有哪些内容?
7. 剖面设计中,如何充分利用空间?
8. 影响体型及立面设计的因素是什么?
9. 高层建筑如何分类?其四大结构体系是什么?
10. 如何进行建筑空间的组合?
11. 怎样做到充分利用建筑空间?

3 地基与基础构造

3.1 地基与基础

1）地基与基础的概念

图 3.1 是应用于砌体结构的条形基础的剖面图。从图形中可以看到地基和基础的构成，以及相关的一些内容。

（1）基础

基础是建筑物地面以下的承重构件，它承受建筑物上部结构传下来的荷载，并把这些荷载连同本身的自重一起传给地基，是建筑物的重要组成部分。

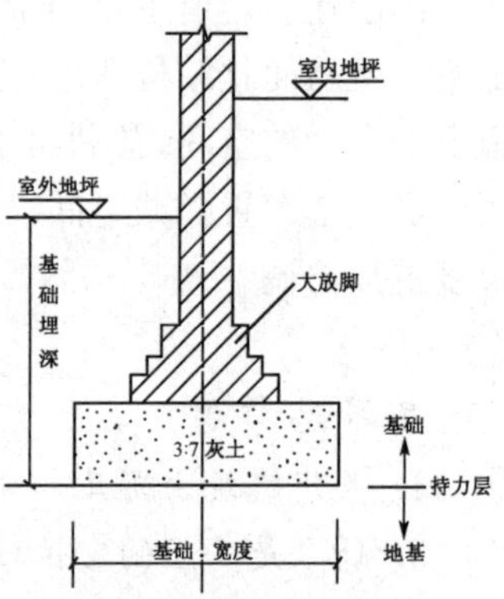

（2）地基

图 3.1 地基与基础的构成

地基是指承受由基础传下来的荷载的土层。地基承受建筑物荷载而产生的应力和应变随着土层深度的增加而减小，在达到一定的深度以后就可以忽略不计。地基主要分为天然地基和人工地基。天然地基本身具有足够负载的天然岩层或者土层，不需要人工加固。人工地基则是天然地基不能满足负载要求，在此基础上进行人工处理和加固。

（3）持力层

直接承受建筑荷载的土层，其下的土层为下卧层。

（4）基础埋深

室外地坪至基础底皮的高度尺寸，由勘测部门根据地基情况确定。

（5）基础宽度

又称为基槽宽度。即基础底面的宽度，由计算决定。

（6）大放脚

基础墙加大加厚的部分，用砖、混凝土、灰土等材料制作的基础均应做大放脚。

（7）灰土垫层

采用 3∶7 灰土（消石灰 3 份与优质素土 7 份拌和而成）制作的基础底层，它是基础的一部分。

2）地基的相关问题

（1）土层的分类

《建筑地基基础设计规范》(GB 50007—2011)中规定,作为建筑地基的土层分为岩石、碎石土、砂土、粉土、黏性土和人工填土。

① 岩石。岩石为颗粒间牢固联结,呈整体或具有节理裂隙的岩体。岩石根据其坚固性可分为硬质岩石(花岗岩、玄武岩等)和软质岩石(页岩、黏土岩等);根据其风化程度可分为微风化岩石、中等风化岩石和强风化岩石等。岩石承载力的标准值 f_k 为 0.2~4.0 MPa。

② 碎石土。碎石土为粒径大于 2 mm 的颗粒含量超过全重 50% 的土。碎石土根据颗粒形状和粒组含量又分为漂石、块石(粒径大于 200 mm)、卵石、碎石(粒径大于 20 mm),圆砾、角砾(粒径大于 2 mm)。碎石土承载力的标准值 f_k 为 0.2~1.0 MPa。

③ 砂土。砂土为粒径大于 2 mm 的颗粒含量不超过全重的 50%,粒径大于 0.075 mm 的颗粒超过全重 50% 的土。砂土根据其粒组含量又分为砾砂(粒径大于 2 mm 的颗粒含量占 25%~50%)、粗砂(粒径大于 0.5 mm 的颗粒含量超过全重的 50%)、中砂(粒径大于 0.25 mm 的颗粒含量超过全重的 50%)、细砂(粒径大于 0.075 mm 的颗粒含量超过全重的 85%)、粉砂(粒径大于 0.075 mm 的颗粒含量超过全重的 50%)。砂土承载力的标准值 f_k 为 0.14~0.5 MPa。

④ 粉土。粉土为塑性指数 I_p 小于或等于 10 的土,其性质介于砂土与黏性土之间。粉土承载力的标准值 f_k 为 0.105~0.41 MPa。

⑤ 黏性土。黏性土为塑性指数 I_p 大于 10 的土,按其塑性指数 I_p 值的大小又分为黏土($I_p>17$)和粉质黏土($10<I_p\leqslant17$)两大类。黏性土承载力的标准值 f_k 为 0.105~0.475 MPa。

⑥ 人工填土。人工填土根据其组成和成因可分为素填土、杂填土、冲填土。素填土为碎石土、砂土、粉土、黏性土等组成的填土;杂填土为含有建筑垃圾、工业废料、生活垃圾等杂物的填土;冲填土为水力冲填泥砂形成的填土。人工填土承载力的标准值 f_k 为 0.065~0.16 MPa。

（2）地基应满足的几点要求

① 强度方面。即要求地基有足够的承载力,应优先考虑采用天然地基。

② 变形方面。即要求地基有均匀的压缩量,以保证有均匀的下沉。若地基下沉不均匀时,建筑物上部会产生开裂变形。

③ 稳定方面。即要求地基有防止产生滑坡、倾斜方面的能力,必要时(特别是较大的高度差时)应加设挡土墙,以防止滑坡变形的出现。

（3）天然地基与人工地基

① 天然地基。天然地基是指具有足够的承载能力,不需经过人工加固,可直接在其上部建筑房屋的天然土层。天然地基的土层分布及承载力大小由勘测部门实测提供。

② 人工地基。当土层的承载力较差或虽然土层质地较好,但上部荷载过大时,为使地基具有足够的承载能力,应对土层进行加固。这种经过人工处理的土层叫人工地基。人工地基的加固处理方法有以下几种:

• 压实法。利用重锤(夯)、碾压(压路机)和振动法将土层压实。这种方法简单易行,对提高地基承载力效果显著。

• 换土法。当地基土为淤泥、冲填土、杂填土及其他高压缩性土时,应采用换土法。换土应选用中砂、粗砂、碎石或级配砂石等空隙大、压缩性低、无侵蚀性的材料。换土范围由计算确定。

• 打桩法。在建筑物荷载大、层数多、高度高、地基土又较松软时,一般应采用打桩法做成桩基(图3.2)。常见的桩基有以下几种:

a) 支承柱(柱桩)(图3.3)。这种桩为钢筋混凝土预制桩,借助打桩机打入土中。这种桩的断面尺寸为300 mm×300 mm~600 mm×600 mm,其长度视需要而定,一般在6~12 m之间。桩端应有桩靴,以保证支承桩能顺利地打入土层中。

b) 钻孔桩(图3.4)。这种桩是先利用钻孔机钻孔,然后放入钢筋骨架,最后浇筑混凝土而成。钻孔直径一般为300~500 mm,桩长不超过12 m。在现阶段,有时钻孔桩内亦填入砂石、砂子、碎石等。

c) 振动桩。这种桩是先利用打桩机把钢管打入地下,然后将钢管取出,最后放入钢筋骨架,并浇筑混凝土而成。其直径、桩长与钻孔桩相同。

d) 爆扩桩(图3.5)。这种桩经钻孔、引爆、浇筑混凝土而成。引爆的作用是将桩端扩大,以提高承载力。

采用桩基时,应在桩顶加做承台梁或承台板,以承托墙柱。

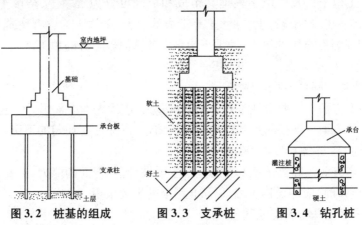

图3.2 桩基的组成　　　图3.3 支承桩　　　图3.4 钻孔桩

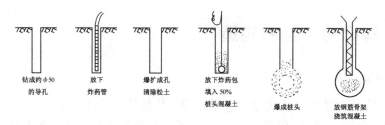

钻成约φ50   放下   爆扩成孔   放下炸药包   爆成桩头   放钢筋骨架
的导孔   炸药管   清除松土   填入50%   浇筑混凝土
                                桩头混凝土

图 3.5 爆扩桩

（4）地基特殊问题的处理

① 地基中遇有坟坑应如何处理？在基础施工中，若遇有坟坑，应全部挖出，并沿坟坑四周多挖 300 mm，然后夯实并回填 3∶7 灰土，遇潮湿土壤应回填级配砂石，最后按正规基础做法施工。

② 基槽中遇有枯井应如何处理？在基槽转角部位遇有枯井，可以采用挑梁法，即用两个方向的横梁越过井口，上部可继续做基础墙，井内可以回填级配砂石。

③ 基槽中遇有沉降缝应怎样过渡？新旧基础连接并遇有沉降缝时，应在新基础上加做挑梁，使墙体靠近旧基础，通过挑梁解决不均匀下沉问题。

④ 基槽中遇有橡皮土应如何处理？基槽中的土层含水量过多，饱和度达到 0.8 以上时，土壤中的孔隙几乎全充满水，出现软弹现象，这种土层叫橡皮土。遇有这种土层，要避免直接在土层上用夯打。处理方法应先晾槽，也可以掺入石灰末来降低含水量。亦可用碎石或卵石压入土中，将土层挤实。

⑤ 不同基础埋深时应如何过渡？在基础埋深不一、标高相差很小的情况下，基础可做成斜坡。当倾斜度较大时，应设踏步形基础，踏步高 H 应不大于 500 mm，踏步长度应大于或等于 $2H$。

⑥ 如何防止不均匀的下沉？当建筑物中部下沉较大、两端下沉较小时，建筑物墙体出现八字形裂缝；若两端下沉较大、中部下沉较小时，建筑物墙体则出现倒八字形裂缝。上述两种下沉均属不均匀下沉。解决不均匀下沉的方法有以下几种：

· 做刚性墙基础：即采用一定高度和厚度的钢筋混凝土墙与基础共同作用，能均匀地传递荷载，调整不均匀沉降。

· 加设基础圈梁：在条形基础的上部做连续的、封闭的圈梁，可以保证建筑的整体性，防止不均匀下沉。基础圈梁的高度不应小于 180 mm，内放 4φ12 主筋，箍筋 φ8 间距 200 mm。

· 设置沉降缝。

3.2　基础的类型和构造

1) 基础的类型

基础的类型很多,划分方法也不尽相同。从基础的材料及受力来划分,可分为刚性基础(指用砖、灰土、混凝土、三合土等受压强度大而受拉强度小的刚性材料做成的基础)、柔性基础(指用钢筋混凝土制成的受压、受拉均较强的基础)。从基础的构造形式,可分为条形基础、独立基础、筏形基础、箱形基础、桩基础等。下面介绍几种常用基础的构造特点。

(1) 刚性基础(无筋扩展基础)

由于刚性材料的特点,这种基础只适合于受压而不适合于受弯、拉和剪力,因此基础剖面尺寸必须满足刚性条件的要求。一般砌体结构房屋的基础常采用刚性基础。

① 灰土基础。灰土是经过消解后的生石灰和黏性土按一定的比例拌和而成,其配合比常用石灰:黏性土=3:7,俗称"三七"灰土。

灰土基础适合于5层和5层以下、地下水位较低的砌体结构房屋和墙体承重的工业厂房。灰土基础的厚度与建筑层数有关。4层及4层以上的建筑物,一般采用450 mm;3层及3层以下的建筑物,一般采用300 mm。夯实后的灰土厚度每150 mm称"一步",300 mm可称为"两步"灰土。

灰土基础的优点是施工简便,造价较低,可以就地取材,节省水泥、砖石等材料。其缺点是它的抗冻性能、耐水性能差,在地下水位线以下或很潮湿的地基上不宜采用。

② 砖基础。用作基础的砖,其强度等级必须在MU7.5以上,砂浆强度等级一般不低于M5。图3.6是砖基础的剖面图。基础墙的下部要做成阶梯形,以使上部的荷载能均匀地传到地基上。

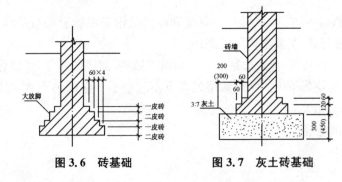

图3.6　砖基础　　　　图3.7　灰土砖基础

砖基础施工简便,适应面广。阶梯放大的部分一般叫做"大放脚"。

为了节省"大放脚"的材料,可在砖基础下部做灰土垫层,形成灰土砖基础(亦叫灰土基础)(图 3.7)。

③ 毛石基础。毛石基础是指用开采下来未经雕琢成形的石块(称为毛石)和不小于 M5 的砂浆砌筑的基础。毛石形状不规则,其质量与码石块的技术和砌筑方法关系很大,一般应搭板满槽砌筑。毛石基础的厚度和台阶高度均不小于 100 mm,当台阶多于两级时,每个台阶伸出宽度不宜大于 150 mm。为便于砌筑上部砖墙,可在毛石基础的顶面浇铺一层 60 mm 厚、C10 的混凝土找平层。毛石基础的优点是可以就地取材,但整体性欠佳,故有震动的房屋很少采用(图 3.8)。

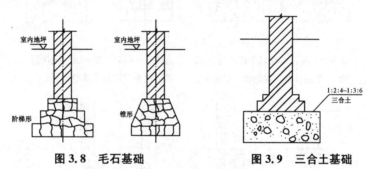

图 3.8　毛石基础　　　　　　图 3.9　三合土基础

④ 三合土基础。这种基础是石灰、砂、碎砖等三种材料按 1:2:4～1:3:6 的体积比进行配合,然后在基槽内分层夯实,每层夯实前虚铺 220 mm,夯实后净剩 150 mm。三合土铺筑至设计标高后,在最后一遍夯打时,宜浇筑石灰浆,待表面灰浆略为风干后,再铺上一层砂子,最后整平夯实。这种基础在我国南方地区应用很广。它的造价低廉、施工简单,但强度较低,所以只能用于 4 层以下房屋的基础(图 3.9)。

⑤ 混凝土基础。这是指用混凝土制作的基础。混凝土基础的优点是强度高,整体性好,不怕水。它适用于潮湿的地基或有水的基槽中,有阶梯形和锥形两种。

混凝土基础的厚度一般为 300～500 mm,混凝土标号为 C7.5～C10。混凝土基础的宽高比为 1:1(图 3.10)。

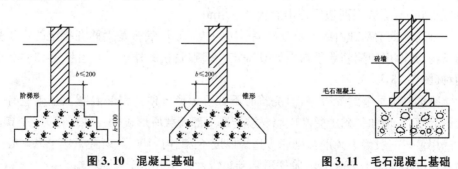

图 3.10　混凝土基础　　　　　　图 3.11　毛石混凝土基础

⑥ 毛石混凝土基础。为了节约水泥用量，对于体积较大的混凝土基础，可以在浇筑混凝土时加入20%~30%的毛石，这种基础叫毛石混凝土基础。毛石的尺寸不宜超过300 mm。当基础埋深较大时，也可用毛石混凝土做成台阶，每级台阶宽度不应小于400 mm。如果地下水对普通水泥有侵蚀作用，则应采用矿渣水泥或火山灰水泥拌制混凝土(图3.11)。

刚性基础的受力、传力特点见图3.12。

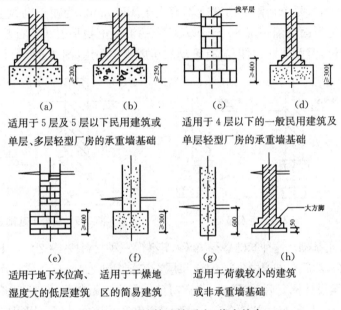

（a）　　　　　（b）　　　　　　（c）　　　　　（d）

适用于5层及5层以下民用建筑或　　　　适用于4层以下的一般民用建筑及
单层、多层轻型厂房的承重墙基础　　　　单层轻型厂房的承重墙基础

（e）　　　　　（f）　　　　　（g）　　　　　（h）

适用于地下水位高、　适用于干燥地　　适用于荷载较小的建筑
湿度大的低层建筑　　区的简易建筑　　或非承重墙基础

图3.12　刚性基础的受力、传力特点

(2) 柔性基础(非刚性基础)

柔性基础一般是指钢筋混凝土基础。这种基础的做法需要在基础底板下均匀浇筑一层素混凝土垫层，目的是保证基础钢筋和地基之间有足够的距离，以免钢筋锈蚀，而且还可以作为绑扎钢筋的工作面。垫层一般采用C7.5或C10素混凝土，厚度100 mm。垫层两边应伸出底板各50 mm。

钢筋混凝土基础由底板及基础墙(柱)组成。现浇底板是钢筋混凝土的主要受力结构，其厚度和配筋数量均由计算确定。基础底板的外形一般有锥形和阶梯形两种(图3.13，图3.14)。

锥形基础可节约混凝土，但浇筑时不如阶梯形方便。钢筋混凝土基础应有一定的高度，以增加基础承受基础墙(柱)传递上部荷载所形成的一种冲切力，并节省钢筋用量。一般墙下条形基础底板边缘厚度不宜小于150 mm；柱下锥形基础底部边缘厚度不宜小于200 mm；阶梯形基础每级台阶厚度250~500 mm。

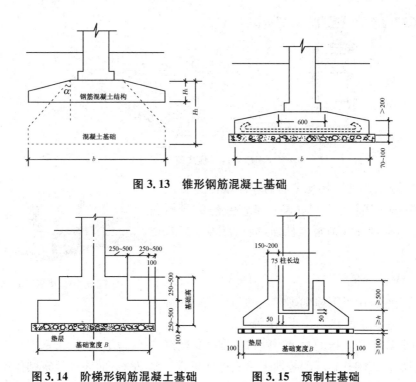

图 3.13　锥形钢筋混凝土基础

图 3.14　阶梯形钢筋混凝土基础　　　图 3.15　预制柱基础

　　钢筋混凝土柱下独立基础与柱子一起浇筑,也可以做成杯口形,将预制柱插入。杯形基础的杯底厚度应大于或等于 220 mm,杯壁厚 150～200 mm,杯口深度应大于或等于柱子长边+50 mm,并大于或等于 500 mm。为了便于柱子的安装和浇筑细石混凝土,杯上口和柱边的距离为 75 mm,底部为 50 mm。杯底和杯口底之间一般留 50 mm 的调整距离。施工时在杯口底及四周均用不小于 C20 的细石混凝土浇筑(图 3.15)。

　　钢筋混凝土基础中的混凝土标号应不低于 C15,受力钢筋一般用Ⅰ级和Ⅱ级钢筋,钢筋直径一般为 8～10 mm,间距为 100～200 mm。条形基础的受力钢筋仅在平行于槽宽方向放置;独立基础的受力钢筋应在两个方向垂直放置。受力钢筋的保护层,当有垫层时不宜小于 35 mm,无垫层时不宜小于 70 mm(图 3.16)。

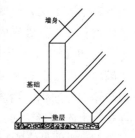

图 3.16　墙下钢筋混凝土条形基础

　　一般基础与柱子之间都要留施工缝,并设插铁。插铁伸出基础顶面的长度应满足锚固长度的要求。

　　(3) 其他类型的基础

　　① 板式基础(满堂基础)。这是连片的钢筋混凝土基础,一般用于荷载集中、

地基承载力差的情况(图 3.17)。

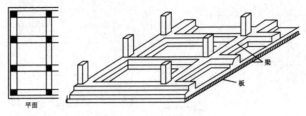

图 3.17　板式基础

② 箱形基础。当板式基础埋深较深并有地下
室时,一般采用箱形基础。箱形基础由底板、顶板和
侧墙组成。这种基础整体性强,能承受很大的弯矩
(图 3.18)。

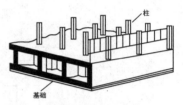

图 3.18　箱形基础

2)基础埋深

基础埋深由以下原则确定,它们分别是:

(1)建筑物的特点及使用性质

建筑物的特点指的是多层建筑还是高层建筑,有无地下室、设备基础和地下设施。高层建筑的基础埋深是地上建筑物总高的 1/10 左右,而多层建筑则依据土层分布、土壤承载力和地下水位及冻土深度来确定埋深尺寸。另外,当地面上有较多氢氧化钠、硫酸等腐蚀液体,基础埋置深度不宜小于 1.5 m,并且对基础作防护处理。

(2)地基土的好坏

土质好、承载力高的土层可以浅埋,土质差、承载力低的土层则应该深埋。当地基土层为均匀好土时,基础应尽量浅埋,但不得浅于 500 mm。当地基土层上层为软土且厚度在 2 m 以内,下层为好土时,基础应埋在好土之下,既经济又可靠。当地基土层上层软土厚度在 2 m 至 5 m 时,低层荷载小的建筑在加强上部结构的整体性和加宽基础底面积后可以埋在软土层;高层荷载大的建筑则要将基础埋在好土上,保证安全。当地基土层上层软土厚度大于 5 m,可做地基加固处理或者将基础埋在好土上。当地基土层上层为好土下层为软土时,应将基础埋在好土内,并提高基础底面积。当地基土层好土软土交替构成,荷载小的低层建筑尽量将基础埋在好土内,荷载大的建筑采用人工地基或者将基础埋在下层好土上。

(3)地下水位的影响

土壤中地下水含量的多少对承载力的影响很大,一般应尽量将基础放在地下水位之上。这样做的好处是可以避免施工时排水,还可以防止或减轻地基土的冻胀。

当地下水位较高时,应埋在全年最低地下水位以下,且不少于 200 mm,以免因水位变化使基础遭受浮力影响,同时应选择良好耐水性的材料,并做好防腐措施。

（4）地基土冻胀和融沉的影响

土层的冻结深度由各地气候条件决定,如北京地区为 0.8～1 m,哈尔滨则为 2 m。建筑物的基础若放在冻胀土上,冻胀力会把房屋拱起产生变形,解冻时又会产生陷落。一般应将基础的灰土垫层部分放在冻结深度以下。

（5）相邻房屋或建筑物基础的影响

当新建房屋的基础埋深小于或等于邻近的原有房屋的基础埋深时,可不考虑相互影响;若新建房屋的基础埋深大于邻近的原有房屋的基础埋深时,应考虑相互影响（图 3.19）。具体做法是满足下列条件:

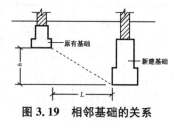

图 3.19　相邻基础的关系

$$\frac{h}{L} \leqslant 0.5 \sim 1 \quad 或 \quad L = 1.5h \sim 2.0h$$

式中:h——新建与原有建筑物基础底面标高之差;

　　　L——新建与原有建筑物基础边缘的最小距离。

（6）连接不同基础埋深的影响

当建筑物要求基础的局部需要埋深时,深浅基础相交的地方需要采用台阶式落深。为了使基础开挖时不松动台阶土,台阶的踏步高度应小于或等于 500 mm,踏步的长度不应该小于 2 倍的踏步高度。

3）基础宽度

基础底面积的确定因素有:基础以上墙体和楼层传下来的总荷载 F;基础埋置深度范围内的基础自重和附土层重 G;地基承载力的标准值 $[f_k]$,见图 3.20。

计算公式如下:

$$P = \frac{F+G}{A} \leqslant [f_k]$$

式中:P——基底的底面应力,Pa;

　　　F——上部结构的荷载,N;

　　　G——基础自重和基础周围的土重,由 b, h, $\bar{\gamma}$ 相乘而得（其中 b 为基础底面宽度,m;h 为基础自重计算高度,m;$\bar{\gamma}$ 为基础和周围土重的平均值,一般取 2 000 N/m³）;

　　　f_k——地基承载力的标准值,Pa;

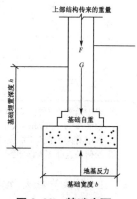

图 3.20　基础底面积的确定

A——基底的底面积，m^2。

当基础为条形基础时，可截取单位长度（一般取 1 m）来计算，因而可以直接求出基础宽度。

表 3.1 和表 3.2 分别提供了砌体结构房屋承重墙与非承重墙下条形基础的最小宽度，可供参考。

表 3.1　砌体结构房屋承重墙下条形基础宽度 B　　　　　（单位：m）

		地基耐压力（MPa）						
		0.080	0.100	0.120	0.140	0.160	0.180	0.200
房屋总层数	1 层	0.70	0.70	0.70	0.70	0.70	0.70	0.70
	2 层	1.20	0.85	0.70	0.70	0.70	0.70	0.70
	3 层	1.80	1.30	1.00	0.85	0.70	0.70	0.70
	4 层	—	1.70	1.35	1.10	1.00	0.80	0.70
	5 层	—	—	1.70	1.40	1.20	1.00	0.90
	6 层	—	—	—	1.65	1.40	1.20	1.10

注：① 本表适用于层高为 3 m、开间为 3～3.6 m，一般荷载等级的建筑。
　　② 本表的基础埋深为 1.5 m，如埋深>1.5 m，$[P]$≤0.12 MPa 时，基础宽度应适当增加，加宽数值由计算确定。

表 3.2　砌体结构房屋非承重墙下条形基础宽度 B　　　　　（单位：m）

		地基耐压力（MPa）						
		0.080	0.100	0.120	0.140	0.160	0.180	0.200
房屋总层数	1 层	0.70	0.70	0.70	0.70	0.70	0.70	0.70
	2 层	0.70	0.70	0.70	0.70	0.70	0.70	0.70
	3 层	1.30	0.90	0.70	0.70	0.70	0.70	0.70
	4 层	—	1.25	1.00	0.80	0.70	0.70	0.70
	5 层	—	—	1.20	1.00	0.85	0.70	0.70
	6 层	—	—	—	1.20	1.20	0.90	0.80

注：① 表中所列墙厚为 360 mm，双面抹灰，无门窗洞口。
　　② 如墙厚为 240 mm，表中所列基础宽度可以相应减少 20%。
　　③ 如墙有门窗洞口时，表中所列基础宽度可以相应减少 20%。
　　④ 任何情况下基础宽度不得小于 0.70 m。

4）刚性基础大放脚的确定

刚性基础大放脚应满足表 3.3 的要求。

表 3.3 刚性基础台阶宽高比的容许值

基础名称	质量要求		台阶宽高比的容许值		
			$P\leqslant 0.1$	$0.1<P\leqslant 0.2$	$0.2<P\leqslant 0.3$
混凝土基础	C15 混凝土		1：1.00	1：1.00	1：1.25
	C7.5 混凝土		1：1.00	1：1.25	1：1.50
毛石混凝土基础	C15 混凝土		1：1.00	1：1.25	1：1.50
砖基础	砖不低于 MU7.5	M5 砂浆	1：1.25	1：1.50	1：1.50
		M2.5 砂浆	1：1.50	1：1.50	
毛石基础	M2.5～M5 砂浆		1：1.25	1：1.50	
	M1 砂浆		1：1.50		
灰土基础	体积比为 3：7 或 2：8 的灰土,其最小干密度:轻黏土 1.55 t/m³,亚黏土 1.50 t/m³,黏性土 1.45 t/m³		1：1.25	1：1.50	
三合土基础	体积比为 1：2：4～1：3：6(石灰：砂：骨料),每层均虚铺 220 mm,夯实后 150 mm		1：1.50	1：2.00	

注:P 为基础底面处的平均压力(MPa)。

各种材料大放脚的宽高尺寸为:

砖:宽度 b 为 60 mm,高度 h 有二皮(120 mm)一皮(60 mm)兼收,刚性角为 33°50′和二皮二皮等收,刚性角为 26°34′。前者用于一般基础,后者用于有地基梁的基础。

混凝土:宽高比为 1：1,刚性角为 45°。常用的宽高尺寸为 350～400 mm。

灰土:宽高比为 1：1.5,灰土高度常用 300 mm 和 450 mm 两种。300 mm 用于 3 层及 3 层以下的建筑物,450 mm 用于 4 层及 4 层以上的建筑物中。

毛石:宽高比与混凝土的宽高比相同。

下面以灰土砖基础为例,说明大放脚的放置方法。

【例 3.1】 墙厚为 360 mm,轴线居中,灰土厚度为 300 mm,宽度为 1 000 mm,承载力 P 为 0.16 MPa,室内外高差为 450 mm,基础埋深为 1 000 mm。试求大放脚的步数并绘制基础剖面图。

【解】 槽宽由墙厚、大放脚和灰土宽度三部分组成。为简化计算,可以按一半槽宽考虑。

槽宽的一半为 500 mm,其中墙厚占 180 mm,灰土宽度为 200 mm(因灰土的宽高比查表得出是 1：1.5,灰土厚度是 300 mm,1：1.5＝x：300,x 为 200 mm),所余尺寸用砖大放脚来过渡。500－180－200＝120(mm),因为砖大放脚每挑出一次为

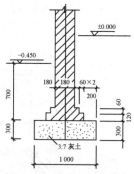

图 3.21 例 3.1 附图

60 mm,所以 120÷60＝2(次)。

根据上述条件绘制基础剖面图,见图 3.21。

【例 3.2】 某基础槽宽为 1 200 mm,墙厚 360 mm,轴线为偏轴,里 120 mm,外 240 mm,[P]＝0.18 MPa,灰土厚 300 mm,室内外高差为 450 mm。求大放脚的步数并绘基础剖面图。

【解】 偏轴按中轴计,取一半计算。

1 200÷2＝600(mm)

600－180＝420(mm)(槽宽减墙厚)

420－200＝220(mm)(减去灰土所占宽度)

每步放 60 mm

220÷60＝3.66(步),取整数按 4 步考虑。

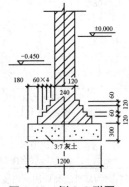

图 3.22　例 3.2 附图

4 步所占尺寸为 60 mm×4＝240 mm,240 mm－220 mm＝20 mm;由灰土所占尺寸调整 200 mm－20 mm＝180 mm。大放脚图形见图 3.22。

3.3　基础管沟

由于建筑内有采暖设备,这些设备的管线在进入建筑物之前埋在地下(直埋或做管沟),进入建筑物之后一般从管沟中通过,所以管沟是经常遇到的。这些管沟一般都沿内外墙布置,也有少量从建筑物中间通过。管沟一般有以下三种类型:

1) 沿墙管沟

这种管沟的一边是建筑物的基础墙,另一边是管沟墙,沟底用灰土垫层,沟顶用钢筋混凝土板做沟盖板。管沟的宽度一般为 1 000～1 600 mm,深度为 1 000～1 700 mm(图 3.23)。

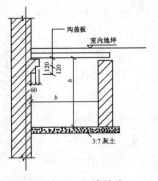

图 3.23　沿墙管沟

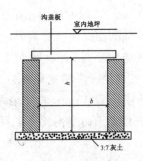

图 3.24　中间管沟

2）中间管沟

这种管沟在建筑物的中部或室外,一般由两道管沟墙支承上部的沟盖板。这种管沟在室外时,还应特别注意是否过车,在有汽车通过时,应选择强度较高的沟盖板(图 3.24)。

3）过门管沟

这是一种小沟。暖气的回水管线走在地上,遇有门口时,应将管线转入地下通过,做过门管沟。这种管沟的断面尺寸为 400 mm×400 mm,上铺沟盖板。

在设计和选用管沟时,一般应注意以下几个问题:

(1)管沟墙的厚度

基础管沟墙一般与沟深有关,选用时可以从表 3.4 中查找。

表 3.4　管沟墙厚度、深度、砂浆强度等级参考表

埋深 H(mm)	室内管沟		室外不过车管沟		室外过车管沟		注
	墙厚(mm)	砂浆强度	墙厚(mm)	砂浆强度	墙厚(mm)	砂浆强度	
≤1 000	240	M2.5	240	M2.5	240	M5	砖的强度一律 ≥MU7.5
≤1 200	240	M2.5	240	M2.5	360	M5	
≤1 400	360	M2.5	360	M2.5	360	M5	
≤1 700	—	—	360	M5	360	M5	

(2)沟盖板

沟盖板分为室内沟盖板、室外不过车沟盖板、室外过车沟盖板等几种规格。

(3)管沟穿墙洞口

在管沟穿墙洞和管沟转角处应增加过梁或做砖券(图 3.25)。

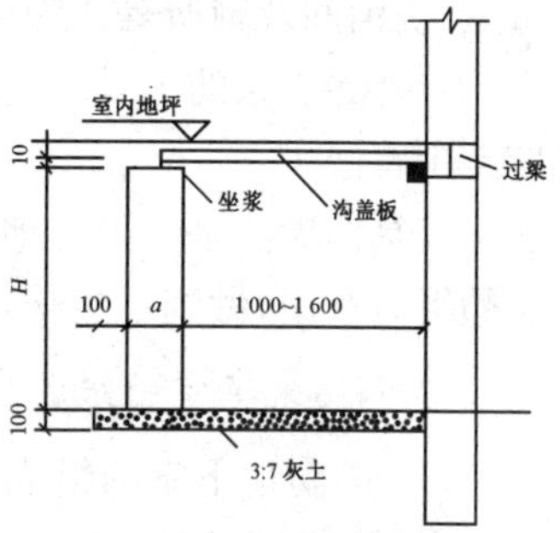

图 3.25　管沟穿墙洞口

3.4　地下室的构造

1）地下室的分类

建筑物下部的空间叫地下室。

(1)按使用性质分类

① 普通地下室。普通的地下空间,一般按地下楼层进行设计。

② 人防地下室。有人民防空要求的地下空间,应能妥善解决紧急状态下的人员隐蔽与疏散,并应有保证人身安全的技术措施。

（2）按埋入地下深度分类

① 全地下室。指地下室地平面低于室外地坪面的高度超过该房间净高 1/2 者。

② 半地下室。指地下室地平面低于室外地坪面的高度超过该房间净高 1/3，且不超过 1/2 者。

2）人防地下室的等级

人防地下室按其重要性分为六级（其中四级又分为 4、4B 两种），其区别在于指挥所的性质及人防的重要程度。

（1）一级人防。指中央一级的人防工事。

（2）二级人防。指省、直辖市二级的人防工事。

（3）三级人防。指县、区一级及重要的通信枢纽一级的人防工事。

（4）四级人防。指医院、救护站及重要的工业企业的人防工事。

（5）五级人防。指普通建筑物下部的人员掩蔽工事。

（6）六级人防。指抗力为 0.05 MPa 的人员掩蔽和物品贮存的人防工事。

人防地下室用以预防现代战争对人员造成的杀伤，主要预防冲击波、早期核辐射、化学毒气以及由上部建筑倒塌所产生的倒塌荷载。冲击波和倒塌荷载主要通过结构厚度来解决；早期核辐射应通过结构厚度及相应的密闭措施来解决；化学毒气应通过密闭措施及通风、滤毒来解决。

为解决上述问题，人防地下室的平面中应有防护室、防毒通道（前室）、通风滤毒室、洗消间及厕所等。为保证疏散，地下室的房间出口应不设门，而以空门洞为主。与外界联系的出入口应设置防护门、密闭门或防护密闭门。地下室的出入口应至少有两个。

其具体做法是一个与地上楼梯连通，另一个与人防通道或专用出口连接。为兼顾平时利用，做到平战结合，可在外墙上开采光窗并设置采光井。

3）人防地下室的组成及有关要求

（1）人防地下室的组成

人防地下室属于箱形基础的范围，其组成部分有顶板、底板、侧墙、门窗及楼梯等，如图 3.26 所示。

（2）人防地下室的空间高度

用作人员掩蔽的防空地下室的掩蔽面积标准应按 1.0 m²/人计算，室内地面至顶板底面高度不应低于 2.2 m，梁下净高不应低于 2.0 m。

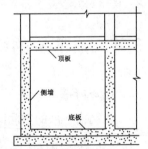

图 3.26　人防地下室的组成

（3）人防地下室的材料选择和厚度的确定

人防地下室各组成部分所用材料、强度等级及厚度详见表3.5和表3.6。

表3.5 材料强度等级

材料种类	钢筋混凝土		混凝土	砖	砂浆		料石
	独立桩	其他			砌筑	装配填缝	
强度等级	C30	C20	C15	MU10	M5	M10	MU30

注：① 防空地下室结构不得采用硅酸盐和硅酸盐砌块。
　　② 严寒地区，很潮湿的土应采用 MU15 砖，饱和土应采用 MU20 砖。

表3.6 结构构件最小厚度 （单位：mm）

结构类别	材料种类		
	钢筋混凝土	砖砌体	料石砌体
顶板、中间楼板	200	—	—
承重外墙	200	490	300
承重内墙	200	370	300
非承重隔墙	—	240	—

注：① 表中最小厚度不包括防早期核辐射结构厚度的要求。
　　② 表中顶板最小厚度系指实心截面，如为密肋板，其厚度不宜小于100 mm。

（4）地下室的防潮与防水做法

地下室的防潮、防水做法取决于地下室地坪与地下水位的关系。

当设计最高地下水位低于地下室底板300～500 mm，且地基范围内的土壤及回填土无形成上层滞水可能时，采用防潮做法。当设计最高地下水位高于地下室底板标高时，应采用防水做法。

① 防水做法

· 地下室防水做法的分级

地下室防水做法的分级标准、选材、耐久年限等见表3.7。

表3.7 地下室防水工程设防表

名称	防水等级			
	一级	二级	三级	四级
建筑物类别	特别重要的民用建筑和对防水有特殊要求的工业建筑的地下室防水，如公共建筑、医院、餐厅、剧院、商店、机房、指挥工程等	重要的高层民用建筑地下室与重要的工业建筑地下室，如高层住宅、旅馆及重要的工业车间等	一般民用与工业建筑的地下室工程	非永久性民用建筑及工业建筑
防水耐久年限	25 年	20 年	15 年	10 年

名称	防水等级			
	一级	二级	三级	四级
设防要求	多道设防,其中必有一道钢筋混凝土结构自防水,另有一道设柔性防水,还有一道采取其他防水措施	两道设防,其中有一道钢筋混凝土结构自防水,第二道设柔性防水	一道设防或两道设防,结构起抗水压作用,外做一道柔性防水层	一道设防,做一道外防水层
选材要求	(1) 钢筋混凝土自防水一道 (2) 优先选一道合成高分子卷材(橡胶型)一层 (3) 增加其他防水措施,如架空层或夹壁墙等	(1) 钢筋混凝土自防水一道 (2) 合成高分子卷材(橡胶型)一层,或高聚物改性沥青卷材防水	合成高分子卷材(橡胶)一层,或高聚物改性沥青卷材防水	高聚物改性沥青卷材防水

注:① 各种防水材料有自己的规程,施工时必须照规程施工。
② 合成高分子卷材(橡胶型)一层防水厚度≥1.5 mm。
③ 高聚物改性沥青卷材一层防水厚度≥4 mm。

• 地下室设防的基本要求

a) 地下室防水工程设计方案,应该遵循以防为主、以排为辅的基本原则,因地制宜,设计先进,防水可靠,经济合理。可按地下室防水工程设防表(表 3.7)的要求进行设计。

b) 一般地下室防水工程设计,外墙主要起抗水压或自防水的作用,再做卷材外防水(即迎水面处理)。卷材防水做法应遵照国家有关规定施工。

c) 地下工程比较复杂,设计时必须了解地下土质、水质及地下水位情况,设计时采取有效设防,保证防水质量。

d) 地下室最高水位高于地下室地面时,地下室设计应该考虑整体钢筋混凝土结构,保证防水效果。

e) 地下室设防标高可以根据勘测资料提供的最高水位标高,再加上 500 mm 确定,上部可以做防潮处理,有地表水按全防水地下室设计。

f) 根据实际情况,地下室防水可采用柔性防水或刚性防水,必要时可以采用刚柔结合的防水方案。在特殊要求下,可以采用架空、夹壁墙等多道设防方案。

g) 地下室外防水无工作面时,可采用外防内贴法,有条件时转为外防外贴法施工。

h) 地下室外防水层的保护,可以采取软保护层,如聚苯板等。

i) 对于特殊部位,如变形缝、施工缝、穿墙管、埋件等薄弱环节要精心设计,按要求做细部处理。

• 防水做法的材料

防水做法的选用材料,通常有以下四种。

a) **防水混凝土**:(a) 有普通防水混凝土和掺外加剂(如加气剂、减水剂、三乙醇胺、氯化铁防水剂、明矾石膨胀剂和 U 型混凝土膨胀剂等)防水混凝土两类,属刚性防水。(b) 普通防水混凝土和掺防水剂混凝土有较好的防渗性能,但不能抗裂,因此在一定条件下能达到防水目的,为防止混凝土可能出现裂渗,必要时还应附加外包柔性防水层。(c) 掺膨胀剂的补偿收缩混凝土不仅提高了防渗性能,而且有良好的抗裂性能,防水效果更好。其中 U 型混凝土膨胀剂(简称 UEA)系国内目前正在推广应用的新材料,技术先进,性能优异。(d) 掺 UEA 的防水混凝土适用于各种地下防水工程,具有结构自防水、做法简单、防水可靠、施工方便、经济耐久等优点,它还能适应任何形状复杂(如有桩基或有外伸地梁等)的工程,形成严密的整体防水结构,是其他外包式防水做法无法达到的。(e) 在遭受剧烈震动、冲击和侵蚀性环境中(混凝土耐蚀系数小于 0.8)应用时,应附加柔性防水层或附加防蚀性好的保护层。(f) 采用防水混凝土,对结构强度、厚度、抗渗标号、配筋、保护层厚度、垫层、变形缝、施工缝等都有一定要求,应遵照专门的技术规定,并同结构专业的人员共同商定。

b) 卷材防水:(a) 有沥青卷材和高分子卷材(三元乙丙橡胶卷材、三元乙丙/丁基橡胶卷材、氯化乙烯/橡胶共混卷材、再生胶丁苯胶卷材、SBS 卷材、APP 卷材等)。(b) 属柔性防水,适用于结构会有微量变形的工程。(c) 适用于抗一般地下水化学侵蚀,不宜用于地下水含矿物油或有机溶液处。(d) 卷材防水层一般做在围护结构外侧(迎水面)并应连续铺贴形成整体,铺贴卷材的胶结材料应同选用卷材相适应,防水层的外侧应做保护层(一般砌砖墙或采用聚苯板)。(e) 目前国内市场新型沥青防水卷材品种有 200 多种,形成了低、中、高的档次系列,由各种不同的胎基、涂盖面料、覆面材料(用于屋面时)组成,应根据不同功能、不同用途、不同耐用年限、不同施工方法加以选用。

c) 涂料防水:(a) 涂料种类有水乳型(普通乳化沥青、再生胶沥青、水性石棉厚质沥青、阴离子合成胶乳化沥青、阳离子氯丁胶乳化沥青)、溶剂型(再生胶沥青)和反应型(聚氨酯涂膜)。(b) 能防止地下无压水(渗流水、毛细水等)及不大于 1.5 m 水头的静压水的侵入。(c) 用于新建砖石或钢筋混凝土结构的迎水面(应用水泥砂浆找平或嵌平)作专用防水层,或新建防水混凝土结构在迎水面做附加防水层,以加强防水防腐能力;或在已建防水或防潮建筑外围结构的内侧,作为补漏措施。(d) 不适用或慎用于含有油脂、汽油或其他能溶解涂料的地下环境。(e) 涂料和基层须有良好黏结力,涂料层外侧应做保护层(砂浆或砖墙)。

防水涂料可采用外防外涂、外防内涂两种,见图 3.27、图 3.28。

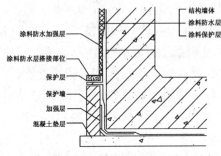

图 3.27　防水涂料外防外涂做法

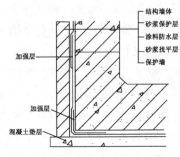

图 3.28　防水涂料外防内涂做法

　　d) 水泥砂浆防水：(a) 常用做法有多层普通水泥砂浆防水层及掺外加剂水泥砂浆防水层两种，属刚性防水。(b) 适用于主体结构刚度较大，建筑物变形小及面积较小(不超过 300 m²)的工程。(c) 不适用于有侵蚀性、有剧烈震动的工程。(d) 一般条件下做内防水为好，地下水压较高时，宜增做外防水。防水层高度应高出室外地坪 0.15 m，但对钢筋混凝土内墙、柱，可只高出地下室地面 0.5 m。

　　上述四种做法中，前两种做法应用较多。地下室防水做法见图 3.29(柔性防水)和图 3.30(刚性防水)。

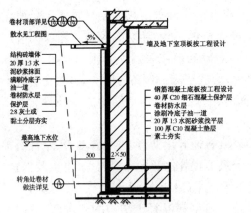

（a）砖墙体，地下水位高，有地表水

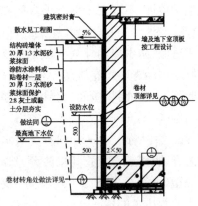

（b）砖墙体，地下水位高，无地表水

图 3.29　地下室的柔性防水做法

注：① 本图尺寸以 mm 为单位。

　　② 适用于砖石墙体。

　　③ 卷材种类层数由设计人定。

　　④ 最高水位高 500 以下设防水层，以上设防潮层。

　　⑤ 有地表水及地下水设全防水层。

　　⑥ 卷材保护层，可设单砖及软保护层。

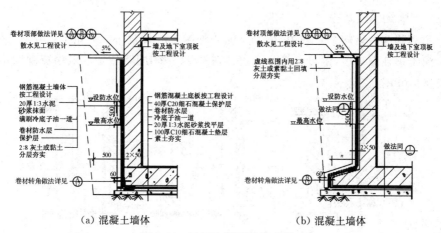

（a）混凝土墙体   （b）混凝土墙体

图 3.30 地下室的刚性防水做法

注：① 本图尺寸以 mm 为单位。

② 适用于钢筋混凝土墙体。

③ 卷材种类层数由设计人定。

④ 最高水位高 500 以下设防水层，以上设防潮层。

⑤ 有地表水设全防水层。

⑥ 卷材保护层，可设单砖及软保护层。

⑦ 见结构设计。

② 防潮做法

• 一般仅考虑防止土壤毛细管水、地面水下渗而成的无压水渗透。

• 如为混凝土结构，即可起到自防潮作用，不必再做防潮处理。

• 如为砖砌体结构，应做防潮层，可抹防水砂浆层或抹普通水泥砂浆外加防水涂料层。一般做在墙身外侧面，应同墙基水平防潮层相连接（图 3.31）。

• 对防潮要求高的工程，宜按防水做法设计。

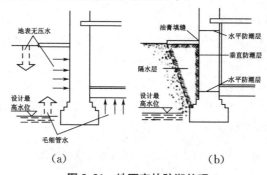

（a）   （b）

图 3.31 地下室的防潮处理

（5）采光井的做法

考虑到地下室的平时利用,在采光窗的外侧一般设置采光井（图 3.32）。一般每个窗子单独做一个,也可以将几个窗并在一起,中间用墙分开。最小宽度应不小于 1 000 mm。

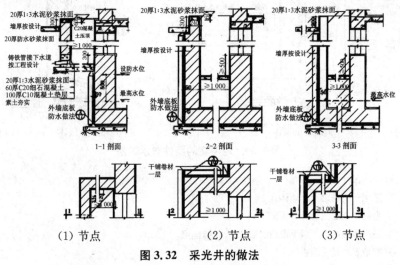

图 3.32 采光井的做法

注:① 本图尺寸以 mm 为单位。

② 窗井上部需做遮雨设施,按工程设计。

③ 最高水位高 500 以下做防水层。

④ 最高水位以上,有地表水做全防水层。

采光井由底板和侧墙构成。侧墙可以用砖墙或钢筋混凝土板墙制作,底板一般用钢筋混凝土浇筑而成。采光井底板应有 1‰～3‰ 的坡度,把积存的雨水用钢筋水泥管或陶管引入地下管网。采光井的上部应有铸铁算子或尼龙瓦盖,以防止人员、物品掉入采光井内。

（6）地下室的防火要求

民用建筑附建式或单独建造的地下室、半地下室的防火设计应符合相关防火规范要求。一般情况下应满足表 3.8 中的规定。

除上述对地下室、半地下室防火设计的部分要求外,还有许多特殊要求,限于篇幅,不一一陈述,用时查阅有关防火规范,其他防火要求同地面建筑,应遵照有关防火规范的相关条款执行。

表 3.8　民用建筑附建式或单独建造的地下室、半地下室防火设计一般要求

序号	项目名称	耐火等级	防火分区	安全出口	楼梯间
1	多层建筑附设的地下室、半地下室	不低于二级	最大允许面积 500 m²	不少于两个	不应与地上层共用,用时,在出入口处应设标志
2	高层建筑附设的地下室、半地下室	应为一级	最大允许面积 2 000 m²	不少于两个:一个厅室的建筑面积大于 50 m² 可设一个出口,并设火灾自动报警系统	不应与地上层共用,用时,在出入口处应设标志
3	地下汽车库	应为一级	最大允许面积为 2 000 m²	不少于两个	不应与地上共用,用时,在出口处应设标志
4	人员密集的厅室	不应设在地下二层及二层以下,当设在地下一层时外出入口地坪高度不大于 10 mm,厅室的建筑面积不大于 200 m²,并应有防排烟设施			
5	地下商店	营业厅不宜设在地下三层及三层以下,每层建筑地下商店每个防火分区最大允许建筑面积 2 000 m²,商店总面积大于 2 万 m² 时,应设防火墙分隔			

复习思考题

1. 什么是地基?有哪些要求?

2. 什么是基础?基础的类型有哪些?

3. 影响基础埋深的因素有哪些?

4. 怎么确定刚性大放脚?

5. 基础管沟的分类有哪些?

6. 地下室的分类有哪些?有哪些组成部分?

7. 地下室的防潮做法有哪些?防水做法又有哪些?

8. 地下室的采光井应注意什么问题?

9. 不同用途的地下室、半地下室一般应满足什么防火要求?

4 墙体构造

在一般砌体结构房屋中,墙体是主要的承重构件。墙体的重量占建筑物总重量的 40%～45%,墙的造价约占全部建筑造价的 30%～40%。在其他类型的建筑中,墙体可能是承重构件,也可能是围护构件,但它所占的造价比重也较大。了解墙体材料、结构方案及构造做法是十分重要的。

4.1 墙体的作用及分类

1) 墙体在建筑中的作用

(1) 承重作用

承受房屋的屋顶、楼层、人和设备的荷载,以及墙体自重、风荷载、地震荷载等。

(2) 围护作用

抵御自然界风、雪、雨等的侵袭,防止太阳辐射和噪声的干扰等。

(3) 分隔作用

墙体可以把房间分隔成若干个小空间或小房间。

(4) 装饰作用

装饰墙面,满足室内外装饰及使用功能要求,对整个建筑物的装饰效果作用很大。

2) 墙体的分类

墙体的分类方法很多,大体有从材料方面、从墙体位置方面、从受力特点方面几种分类方法,下面分别介绍。

(1) 按材料分类

① 砖墙。用作墙体的砖有普通黏土砖、黏土多孔砖、黏土空心砖、灰砂砖、焦渣砖等。黏土砖用黏土烧制而成,有红砖、青砖之分;灰砂砖用 30% 的石灰和 70% 的砂子压制而成;黏土多孔砖有圆孔和方孔之分,空隙率在 30% 左右;焦渣砖用高炉硬矿渣和石灰蒸养而成。砖块之间用砌筑砂浆黏接而成。

② 加气混凝土砌块墙。加气混凝土是一种轻质材料,其成分是水泥、砂子、磨细矿渣、粉煤灰等,用铝粉作发泡剂,经蒸养而成。加气混凝土具有表观密度轻、可

切割、隔音、保温性能好等特点。这种材料多用于非承重的隔墙及框架结构的填充墙。

③ 石材墙。石材是一种天然材料,石材墙主要用于山区和产石地区。它分为乱石墙、整石墙和包石墙等。

④ 板材墙。板材以钢筋混凝土板材、加气混凝土板材为主,玻璃幕墙亦属此类。

(2)按所在位置分类

墙体按所在位置不同一般分为外墙及内墙两大部分,每部分又各有纵、横两个方向,这样共形成四种墙体,即纵向外墙、横向外墙(又称山墙)、纵向内墙、横向内墙。

当楼板支承在横向墙上时,称为横墙承重,这种做法多用于横墙较多的建筑中,如住宅、宿舍、办公楼等;当楼板支承在纵向墙上时,称为纵墙承重,这种做法多用于纵墙较多的建筑中,如中小学等;当一部分楼板支承在纵向墙上,另一部分楼板支承在横向墙上时,称为混合承重,这种做法多用于中间有走廊或一侧有走廊的办公楼中。图 4.1 表示了各种承重方式。

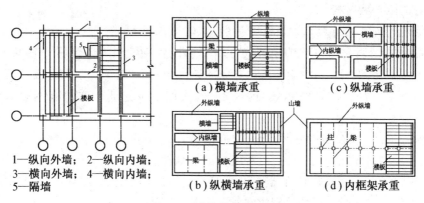

(a)横墙承重 (c)纵墙承重

(b)纵横墙承重 (d)内框架承重

1—纵向外墙; 2—纵向内墙;
3—横向外墙; 4—横向内墙;
5—隔墙

图 4.1 墙体的承重方式

(3)按受力特点分类

① 承重墙。它承受屋顶和楼板等构件传下来的垂直荷载和风力、地震力等水平荷载。由于承重墙所处的位置不同,又分为承重内墙和承重外墙。墙下有条形基础。

② 承自重墙。只承受墙体自身重量而不承受屋顶、楼板等垂直荷载。墙下亦有条形基础。

③ 围护墙。它起着防风、雪、雨的侵袭和保温、隔热、隔声、防水等作用。它对保证房间内具有良好的生活环境和工作条件关系很大。墙体重量由梁承受并传给

柱子或基础。

④ 隔墙。它起着将大房间分隔为若干小房间的作用。隔墙应满足隔声的要求,这种墙不做基础。

(4) 按构造做法分类

① 实心墙。单一材料(砖、石块、混凝土和钢筋混凝土等)和复合材料(钢筋混凝土与加气混凝土分层复合、黏土砖与焦渣分层复合等)砌筑的不留空隙的墙体。

② 黏土空心砖墙。这种墙体使用的黏土空心砖和普通黏土砖的烧结方法一样,形状如图4.2所示。这种黏土空心砖的竖向孔洞虽然减少了砖的承压面积,但是砖的厚度增加,砖的承重能力与普通砖相比还略有增加。表观密度为 $1\,350\ kg/m^3$ (普通黏土砖的表观密度为 $1\,800\ kg/m^3$)。由于有竖向孔隙,所以保温能力有所提高,这是由于空隙是静止的空气层所致。试验证明,190 mm 空心砖墙的保温能力与 240 mm 普通砖墙的保温能力相当。黏土空心砖主要用于框架结构的外围护墙。近期在工程中广泛采用的陶粒空心砖也是一种较好的围护墙材料。

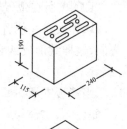

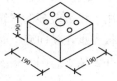

图4.2 黏土多孔砖

③ 空斗墙。空斗墙在我国民间流传已久。这种墙体的材料是普通黏土砖,它的砌筑方法为竖放与平放相配合,砖竖放叫斗砖,平放叫眠砖。

• 无眠空斗墙。这种墙体均由立放的砖砌合而成(图4.3)。同一皮上有斗有丁,丁砖作为横向拉结之用,墙身内的空气间层上下连通。这种墙体的稳定性较差。

• 有眠空斗墙。这种墙体既有立放的砖,又有水平放置的砖(图4.3)。砌筑时,隔一皮或几皮加一皮眠砖。这种墙体的拉结性能好。

空斗墙在靠近勒脚、墙角、洞口和直接承受梁板压力的部位都应该砌筑实心砖墙,以保证拉结质量。空斗墙不宜在抗震设防地区使用。

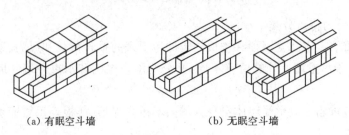

(a) 有眠空斗墙   (b) 无眠空斗墙

图4.3 空斗墙

④ 复合墙。多用于居住建筑,也可用于托儿所、幼儿园、医疗等小型公共建

筑。这种墙体的承重结构为黏土砖或钢筋混凝土,其内侧或外侧复合轻质保温板材,常用材料有充气石膏板(表观密度≤510 kg/m³)、水泥聚苯板(表观密度280～320 kg/m³)、黏土珍珠岩(表观密度360～400 kg/m³)、纸面石膏聚苯复合板(表观密度870～970 kg/m³)、纸面石膏岩棉复合板(表观密度930～1 030 kg/m³)、纸面石膏玻璃复合板(表观密度882～982 kg/m³)、无纸石膏聚苯复合板(表观密度870～970 kg/m³)、纸面石膏聚苯板(表观密度870～970 kg/m³)。

承重结构采用黏土砖墙时,其厚度为180 mm或240 mm;采用黏土多孔砖墙时,其厚度为190～240 mm;采用钢筋混凝土墙时,其厚度为200 mm或250 mm。保温板材的厚度为50～90 mm,若做空气间层时,其厚度不宜超过60 mm。

这种保温墙体的热阻值指标为0.70～0.81 W/(m² · K),比《严寒和寒冷地区居住节能设计标准》(JGJ 26—2010)中要求的数值高15%左右,完全满足节能要求。图4.4为复合墙体的几种构成方法。

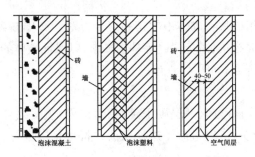

(a)保温层在外侧　(b)夹心构造　(c)利用空气间层

图4.4　复合墙体

⑤幕墙。幕墙按其构造分为框式幕墙和点支式幕墙。按材料可分为:(a)玻璃幕墙,有明框幕墙、隐框幕墙、半隐框幕墙、全玻璃幕墙及点支幕墙等;(b)金属幕墙,有单层铝板、蜂窝铝板、铝塑复合板、彩色钢板、不锈钢及珐琅板等;(c)非金属板幕墙,有石材蜂窝板、树脂纤维板等。

不同幕墙构造有差异,造价相差悬殊,需根据具体条件确定其构造和材料。

3)墙体的厚度

(1)砖墙

实心砖墙的厚度以我国标准黏土砖的长度为单位,我国现行黏土砖的规格是240 mm×115 mm×53 mm(长×宽×厚),连同灰缝厚度10 mm在内,砖的规格形成长:宽:厚=1:0.5:0.25的关系。同时在1 m长的砌体中有4个砖长、8个砖宽、16个砖厚,这样在1 m³的砌体中的用砖量为4×8×16=512块,用砂浆量为0.26 m³。

现行墙体厚度用砖长作为确定依据,常用的有以下几种:

① 半砖墙。图纸标注为 120 mm,实际厚度为 115 mm。

② 砖墙。图纸标注为 240 mm,实际厚度为 240 mm。

③ 一砖半墙。图纸标注为 360(370) mm,实际厚度为 365 mm。

④ 二砖墙。图纸标注为 490 mm,实际厚度为 490 mm。

⑤ 3/4 砖墙。图纸标注为 180 mm,实际厚度为 178 mm。

（2）其他墙体

其他墙体,如钢筋混凝土板墙、加气混凝土墙体等均应符合模数的规定。钢筋混凝土板墙用作承重墙时,其厚度为 160～200 mm;用作隔断墙时,其厚度为 50 mm。加气混凝土墙体用作外围护墙时常取 200～250 mm,用作隔断墙时,常取 100～150 mm。

4）墙体的砌合

砖墙的砌合是指砖块在砌体中的排列组合方法。砖墙在砌合时,应满足横平竖直、砂浆饱满、错缝搭接、避免通缝等基本要求,以保证墙体的强度和稳定性。

常见的墙体砌合方式(图 4.5)有:

（1）一顺一丁式

这种砌法是一层砌顺砖、一层砌丁砖,相间排列,重复组合。在转角部位要加设 3/4 砖(俗称七分头)进行过渡。这种砌法的特点是搭接好、无通缝、整体性强,因而应用较广。

（2）全顺式

这种砌法每皮均为顺砖组砌。上下皮左右搭接为半砖,它仅适用于半砖墙。

（3）顺丁相间式

这种砌法是由顺砖和丁砖相间铺砌而成。这种砌法的墙厚至少为一砖墙,它整体性好,且墙面美观。

（4）多顺一丁式

这种砌法通常有三顺一丁和五顺一丁之分,其做法是每隔三皮顺砖或五皮顺砖加砌一皮丁砖相间叠砌而成。多顺一丁砌法的问题是存在通缝。

确定砖墙的厚度要考虑以下因素:

（1）砖的规格

普通黏土砖墙厚度按照半砖的倍数来确定。常见的有半砖墙、一砖墙、一砖半墙、两砖墙等,其相应尺寸为 115 mm、240 mm、365 mm、490 mm 等。

（2）砖墙的承载

一般来说,承载能力越大,稳定性越好,有效限制距的距离越大,稳定性越差。

有效限制距是指墙体四周可以用来支撑的结构。

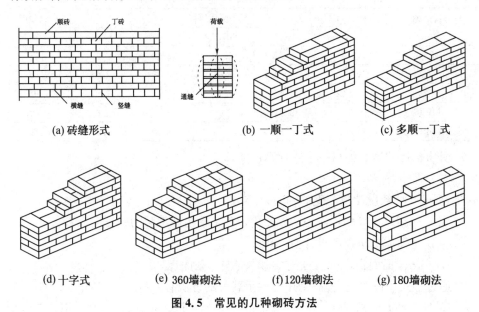

(a) 砖缝形式   (b) 一顺一丁式   (c) 多顺一丁式

(d) 十字式   (e) 360墙砌法   (f) 120墙砌法   (g) 180墙砌法

图 4.5　常见的几种砌砖方法

4.2　墙体的设计要求

　　总体来说,墙体应满足以下几点设计要求:具有足够的强度和稳定性;满足热工方面(保温、隔热、防止产生凝结水)的性能;具有一定的隔声性能;具有一定的防火性能;合理选择墙体材料、减轻自重、降低造价;适应工业化的发展需要。具体要求如下:

　　1) 结构要求

　　结构要求主要表现在强度和稳定性两个方面。

　　(1) 强度

　　砖墙的强度多采用验算的方法进行。砖墙的强度实质上是砖砌体的抗压强度,它取决于砖和砂浆的材料强度等级。《砌体结构设计规范》(GB 50003—2011)中规定,砖的材料强度等级有 MU30(300 MPa),MU25(250 MPa),MU20(200 MPa),MU15(150 MPa)和MU10(100 MPa)。砌筑砂浆的强度等级有 M15(150 MPa),M10(100 MPa),M7.5(75 MPa),M5(50 MPa)和M2.5(25 MPa)。实心砖和多孔砖砌体的抗压强度设计值详见表 4.1。

表 4.1　实心砖和多孔砖砌体的抗压强度设计值　　（单位：MPa）

砖的强度等级	砂浆的强度等级					砂浆强度
	M15	M10	M7.5	M5	M2.5	0
MU30	3.94	3.27	2.93	2.69	2.26	1.15
MU25	3.60	2.98	2.68	2.37	2.06	1.05
MU20	3.22	2.67	2.39	2.12	1.84	0.94
MU15	2.79	2.31	2.07	1.83	1.60	0.82
MU10	—	1.99	1.69	1.50	1.30	0.67

受压构件的承载力可按下式计算：

$$N \leqslant \Phi \cdot f \cdot A$$

式中：N——荷载设计值产生的轴向力，N；

　　　Φ——高厚比 β 和轴向力的偏心距 e 对受压构件承载力的影响系数；

　　　f——砌体抗压强度设计值，MPa；

　　　A——截面面积，mm^2，对各类砌体均按毛截面计算。

通过上式可以看出，提高受压构件承载力的方法有两种：

① 加大截面面积或加大墙厚。这种方法虽然可取，但不一定经常采用。工程实践表明，240 mm 厚的砖墙是可以保证 20 m 高建筑（相当于住宅六层）的承载要求的。

② 提高砌体抗压强度的设计值。这种方法是采用同一墙体厚度，在不同部位通过改变砖和砂浆的强度等级来达到满足承载要求的目的。

（2）稳定性

砖墙的稳定性一般采取验算高厚比的方法进行，其公式为：

$$\beta = H_0/h \leqslant \mu_1 \cdot \mu_2 \cdot [\beta]$$

式中：H_0——墙、柱的计算高度，m；

　　　h——墙厚或矩形柱与 H_0 相对应的边长，m；

　　　μ_1——非承重墙允许高厚比的修正系数；

　　　μ_2——有门窗洞口墙允许高厚比的修正系数；

　　　$[\beta]$——墙、柱的允许高厚比，其数值详见表 4.2。

表 4.2　墙、柱的允许高厚比 $[\beta]$ 值

砂浆强度等级	墙	柱
M2.5	22	15
M5.0	24	16
≥M7.5	26	17

由上式可以看出，砂浆强度等级愈高，则允许高厚比愈大。提高砖墙稳定性可以降低墙、柱高度或加大墙厚、加大柱子断面。

2) 保温与节能要求

墙体的保温因素主要表现在墙体阻止热量传出的能力与防止在墙体表面和内部产生凝结水的能力两大方面,在建筑物理学上属于建筑热工设计部分,一般应以《民用建筑热工设计规范》(GB 50176—2016)为准。这里介绍一些基本知识。

(1) 建筑热工设计分区及要求

目前,全国划分为五个建筑热工设计分区。

① 严寒地区。累年最冷月平均温度低于或等于－10 ℃的地区,如黑龙江和内蒙古的大部分地区。这类地区应加强建筑物的防寒措施,不考虑夏季防热。

② 寒冷地区。累年最冷月平均温度高于－10 ℃、小于或等于 0 ℃的地区,如东北地区的吉林、辽宁,华北地区的山西、河北、北京、天津及内蒙古的部分地区。这类地区应以满足冬季保温设计要求为主,适当兼顾夏季防热。

③ 夏热冬冷地区。累年最冷月平均温度为 0～10 ℃,最热月平均温度为 25～30 ℃。如陕西,安徽,江苏南部,广西、广东、福建北部地区。这类地区必须满足夏季防热要求,适当兼顾冬季保温。

④ 夏热冬暖地区。累年最冷月平均温度高于 10 ℃,最热月平均温度为 25～29 ℃。如广东、广西、福建南部地区和海南省。这类地区必须充分满足夏季防热要求,一般不考虑冬季保温。

⑤ 温和地区。累年最冷月平均温度为 0～13 ℃,最热月平均温度为 18～23 ℃。如云南全省和四川、贵州的部分地区。这类地区的部分地区应考虑冬季保温,一般不考虑夏季防热。

(2) 冬季保温设计要求

① 建筑物宜设在避风、向阳地段,尽量争取主要房间有较多日照。

② 建筑物的外表面积与其包围的体积之比(体型系数)应尽可能小,平、立面不宜出现过多的凹凸面。

③ 室温要求相近的房间宜集中布置。

④ 严寒地区居住建筑不应设冷外廊和开敞式楼梯间;公共建筑主入口处应设置转门、热风幕等避风设施。寒冷地区居住建筑和公共建筑宜设置门斗。

⑤ 严寒和寒冷地区北向窗户的面积应予控制,其他朝向的窗户面积不宜过大。应尽量减少窗户缝隙长度,并加强窗户的密闭性。

⑥ 严寒和寒冷地区的外墙和屋顶应进行保温验算,保证不低于所在地区要求的总热阻值。

⑦ 热桥部分(主要传热渠道)通过保温验算,并做适当的保温处理。

（3）夏季防热设计要求

① 建筑物的夏季防热应采取环境绿化、自然通风、建筑遮阳和围护结构隔热等综合性措施。

② 建筑物的总体布置，单体的平、剖面设计和门窗的设置，应有利于自然通风，并尽量避免主要使用房间受东、西日晒。

③ 南向房间可利用上层阳台、凹廊、外廊等达到遮阳目的，东、西向房间可适当采用固定式或活动式遮阳设施。

④ 屋顶、东西外墙的内表面温度应通过验算，保证满足隔热设计标准要求。

⑤ 为防止潮霉季节地面泛潮，底层地面宜采用架空做法，地面面层宜选用微孔吸声材料。

（4）传热系数与热阻

众所周知，热量通常由围护结构的高温一侧向低温一侧传递，如图4.6所示。散热量的多少与围护结构的传热面积、传热时间、内表面与外表面的温度差有关。一般可按下式求出散热量：

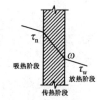

$$Q = K(\tau_n - \tau_w) \cdot F \cdot Z$$

式中：Q——围护结构传出的热量，kW；

　　　K——围护结构的传热系数，$kW/(m^2 \cdot K)$；

　　　τ_n——围护结构内表面温度，℃；

图4.6　墙体传热示意图

　　　τ_w——围护结构外表面温度，℃；

　　　F——围护结构的面积，m^2；

　　　Z——传热的时间，h。

① 传热系数。传热系数 K 表示围护结构的不同厚度、不同材料的传热性能。总传热系数 K_0 由吸热、传热和放热三个系数组成，其数值为三个系数之和。这三个系数中的吸热系数和放热系数为常数，传热系数与材料的导热系数 λ 成正比，与材料的厚度 δ 成反比，即 $K = \lambda/\delta$。其中 λ 值与材料的密度和孔隙率有关。密度大的材料，导热系数也大，如砖砌体的导热系数为 0.81 W/(m·K)，钢筋混凝土的导热系数为 1.74 W/(m·K)。孔隙率大的材料，导热系数则小，如加气混凝土导热系数为 0.22 W/(m·K)，膨胀珍珠岩的导热系数为 0.07 W/(m·K)。导热系数在 0.23 W/(m·K) 及 0.23 W/(m·K) 以下的材料叫保温材料。传热系数愈小，则围护结构的保温能力愈强。

② 热阻。传热阻 R 表示围护结构阻止热流传播的能力。总传热阻 R_0 由吸热阻（内表面换热阻）R_i、传热阻 R 和放热阻（外表面换热阻）R_e 三部分组成。其中 R_i 和 R_e 为常数，R 与材料的导热系数 λ 成反比，与围护结构的厚度 δ 成正比，即 $R = 1/K = \delta/\lambda$。热阻值愈大，则围护结构的保温能力愈强。

（5）窗子面积和层数的确定

在围护结构上开窗面积不宜过大，否则热损失将会很大。窗子和阳台门的总热阻值应符合表 4.3 的规定。

表 4.3 窗子和阳台门的总热阻值 ［单位：$(m^2 \cdot K)/W$］

窗子和阳台门的类型	总热阻 R_0	窗子和阳台门的类型	总热阻 R_0
单层木窗	0.172	双层金属窗	0.307
双层木窗	0.344	双层玻璃、单层窗	0.287
单层金属窗	0.156	商店橱窗	0.215

严寒地区的各向窗子，R_0 必须大于或等于 $0.307(m^2 \cdot K)/W$，因而必须采用双层木窗或双层钢窗。寒冷地区除北向窗外，R_0 必须大于或等于 $0.156(m^2 \cdot K)/W$（单层钢窗或单层木窗），北向窗 R_0 必须大于或等于 $0.307(m^2 \cdot K)/W$（双层钢窗或双层木窗）。

居住建筑各朝向的窗墙面积比应符合以下规定：北向不大于 0.25，东、西向不大于 0.30，南向不大于 0.35。窗子的气密性必须良好，一般在两侧空气压差为 10 Pa 的情况下，窗子的空气渗透量在低层和多层需 $\leqslant 4.0\ m^3/(m \cdot h)$，在高层和中高层需 $\leqslant 2.5\ m^3/(m \cdot h)$。若达不到要求，应加强气密措施。

（6）围护结构的蒸汽渗透

围护结构在内表面或外表面产生凝结水现象是由于水蒸气渗透遇冷所致。由于冬季室内空气温度和绝对湿度都比室外高，因此，在围护结构的两侧存在着水蒸气分压力差，水蒸气分子由压力高的一侧向压力低的一侧扩散，这种现象叫蒸汽渗透。

材料遇水后，导热系数增大，保温能力会大大降低。为避免凝结水的产生，一般采取控制室内相对湿度和提高围护结构热阻的办法解决。

室内相对湿度是空气的水蒸气分压力与最大水蒸气分压力的比值。一般以 30%～40% 为极限，住宅建筑的相对湿度以 40%～50% 为佳。

（7）围护结构的保温构造

为了满足墙体的保温要求，在寒冷地区外墙的厚度与做法应由热工计算确定。采用单一材料的墙体，其厚度应由计算确定，并按模数要求统一尺寸。

为减轻墙体自重，可以采用夹心墙体、带有空气间层的墙体及外贴保温材料的做法。值得注意的是，外贴保温材料，以布置在围护结构靠低温的一侧为好，而将表观密度大、蓄热系数也大的材料布置在靠高温的一侧为佳。这是因为保温材料表观密度小、孔隙多，其导热系数小，则每小时所能吸收或散出的热量也少。而蓄热系数大的材料布置在内侧，就会使外表面材料的热量变化对内表面温度的影响甚微,因而保温能力较强。

当前应用较多的是外墙内保温做法:① 用饰面石膏聚苯板做内保温;② 用纸面石膏聚苯复合板做内保温;③ 用黏土珍珠岩保温砖做内保温;④ 用充气石膏板、无纸石膏聚苯复合板做内保温。

外墙内保温做法除上述几种外,还可以采用建设部的推荐做法,它们是:

① HT-800 复合硅酸盐保温材料。HT-800 复合硅酸盐保温材料是以精选的海泡石、硅酸盐纤维为原料,多种优质轻体无机矿物为填料,经细纤化、扩散膨胀、混溶、黏接等多种工艺复合而成。这种材料的外观呈灰白色黏稠纤维膏状体,无结状,其导热系数只有 0.036～0.042 W/(m·K),是一种保温性能较好的材料。

② ZL 复合硅酸盐聚苯颗粒保温浆料。ZL 复合硅酸盐聚苯颗粒保温浆料是新型建筑墙体保温材料。该材料采用预混合干拌技术,由复合硅酸盐胶粉料和聚苯颗粒组成。先将多种硅酸盐及其他材料按照一定比例在工厂进行预混合,形成胶粉料,在工地只需将聚苯颗粒、胶粉料、水按固定的比例混合,即可采用抹灰工艺进行施工。该产品与其他防护面层材料配套使用能够满足建筑节能 50% 的要求,适合在各种建筑物的基层墙体上施工。

内墙饰面做法可选用下列产品:

• 弹性涂料。有较强的延伸性能,涂在面层上可做出薄厚各异、形状不一的装饰图案,又具有良好的抗裂、防水、耐候性能。

• 反射太阳能隔热涂料。主要用于南方有空调的居住建筑内墙和屋顶,可降低日照产生的燥热;也可用于粮库、油罐、冷库等外墙面。

内墙保护层及相关结构做法见图 4.7。

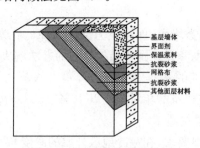

基层墙体
界面剂
保温浆料
抗裂砂浆
网格布
抗裂砂浆
其他面层材料

图 4.7 ZL 保温层及保护层

确定外墙内保温的保温层厚度,要根据民用住宅建筑节能设计"实施细则"的要求进行。在北京地区,当建筑物的体型系数≤0.3时,墙体的传热系数为 1.16 W/(m²·K)。例如,在 200 mm 厚的钢筋混凝土墙上抹 45 mm 厚的保温浆料,现场实测传热系数为 0.91 W/(m²·K),平均传热系数为 1.13 W/(m²·K)。

当体型系数>0.3时,根据"实施细则"按表 4.4 选择保温层厚度。

表 4.4 体型系数>0.3 的建筑物外墙内保温的保温层厚度

选用窗型	体型系数>0.3			
	窗传热系数 [W/(m² · K)]	细则规定墙体传热系数 [W/(m² · K)]	厚度 (mm)	墙体达到传热系数 [W/(m² · K)]
铝合金双玻	4	0.82	60	0.77
双玻 35 钢窗	3.2	1.03	50	0.89
塑钢窗双玻	2.4	1.16	45	0.91

注:体型系数是建筑物与室外大气接触的外表面积与其所包围的体积的比值。外表面积中不包括地面和不采暖楼梯间隔墙和户门的面积。

（8）围护结构的外保温构造

围护结构外保温墙体的选材基本上同于内保温墙体,但其厚度及构造做法略有不同。图 4.8～图 4.11 表示了其构造。

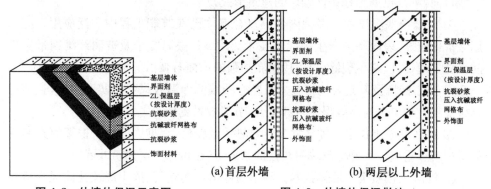

图 4.8 外墙外保温示意图

图 4.9 外墙外保温做法

（a）首层外墙　（b）两层以上外墙

图 4.10 外墙阳角

注:专用金属护角 35×35×0.5～45×45×0.5,边上有孔。

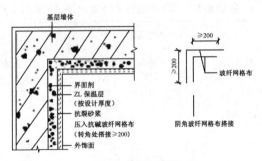

图 4.11　外墙阴角

（9）墙体的节能要求

随着建筑节能技术的进步，通过新建和技术改造，已初步形成建筑保温、密封、热表、采暖调节控制等新兴建筑节能产业部门，使建筑工业产业结构趋于科学合理，以满足建筑节能事业大发展的需要。

目前，可以根据当地条件推广的建筑节能技术有：

① 外墙内保温技术。多种内保温复合墙体已在节能工程中广泛应用。应选用性价比较好、表面不致产生裂缝的技术。用 KF 嵌缝腻子及玻璃纤维网带做板间嵌缝处理，可以避免裂缝，也可用网布加强的饰面石膏做面层的聚苯板保温。

② 空心砖墙及其复合墙体技术。空心砖墙的保温效果优于实心砖墙，且节约制砖能耗。如果再与高效保温材料复合，节能效果更佳。

③ 加气混凝土技术。加气混凝土导热系数较低，宜推广应用于框架填充墙及低层建筑承重墙。在确保砌块耐久性的条件下，也可作多层建筑外墙使用。

④ 混凝土轻质砌块墙体技术。利用当地出产的浮石、火山渣及其他轻骨料或工业废料生产多排孔轻质砌块，用保温砂浆砌筑，有节能、节地效果。

3）抗震要求

砌体结构的抗震构造应以《建筑抗震设计规范》（GB 50011—2010）的有关规定为准。这些规定又大多与墙身做法有关，概括起来有以下四个方面。

（1）一般规定

① 限制房屋总高度和层数。砌体结构房屋的总高度和层数应以表 4.5 为准。表 4.5 中的层高，黏土砖不宜超过 4 m，各种砌块不宜超过 3.6 m。

② 限制建筑体型（高宽比）。限制建筑体型（高宽比）可以减少过大的侧移，保证建筑的稳定。砌体结构房屋总高度与总宽度的最大比值应符合表 4.6 的有关规定。

表 4.5　房屋的层数和总高度限值

房屋类别		最小墙厚 (mm)	烈度							
			6		7		8		9	
			高度	层数	高度	层数	高度	层数	高度	层数
多层砌体	普通砖	240	24	8	21	7	18	6	12	4
	多孔砖	240	21	7	21	7	18	6	12	4
	多孔砖	190	21	7	18	6	15	5	—	
	小砌砖	190	21	7	21	7	18	6	—	

表 4.6　房屋最大高宽

烈度	6	7	8	9
最大高宽比	2.5	2.5	2.0	1.5

③ 砌体结构房屋的结构体系应符合以下要求:应优先选用横墙承重或纵横墙共同承重的结构体系;纵横墙的布置宜均匀对称,沿平面内宜对齐,沿竖向应连续,同一轴线的窗间墙宜均匀;楼梯间不宜设置在房屋的尽端或转角处;不宜采用无锚固的钢筋混凝土预制挑檐。

④ 设置防震缝。在 8 度和 9 度设防区,符合下列情况之一时,宜设置防震缝:房屋立面高差在 6 m 以上;房屋有错层且楼板高差较大;各部分结构刚度、质量截然不同。防震缝两侧应设置墙体,缝宽可采用 50～100 mm。

⑤ 限制抗震墙最大间距。砌体结构抗震墙最大间距不应超过表 4.7 的规定。

⑥ 限制房屋的细部尺寸。砌体结构房屋的细部尺寸应符合表 4.8 的有关规定。

表 4.7　房屋抗震横墙最大间距　　　　　　　　（单位:m）

房屋类别		烈度			
		6	7	8	9
多层砌体	现浇或装配整体式钢筋混凝土楼、屋盖	18	18	15	11
	装配式钢筋混凝土楼、屋盖	15	15	11	7
	木楼、屋盖	11	11	7	4

表 4.8　房屋的细部尺寸限值　　　　　　　　（单位:m）

部位	烈度			
	6	7	8	9
承重窗间墙最小宽度	1.0	1.0	1.2	1.5
承重外墙尽端至门窗洞边的最小距离	1.0	1.0	1.5	2.0
非承重外墙尽端至门窗洞边的最小距离	1.0	1.0	1.0	1.0
内墙阳角至门窗洞边的最小距离	1.0	1.0	1.5	2.0
无锚固女儿墙(非出入口处)的最大高度	0.5	0.5	0.5	

（2）增设圈梁

圈梁的作用是增强楼层平面的整体刚度，防止地基不均匀下沉并与构造柱一起形成骨架，提高抗震能力。

① 圈梁的种类

在砌体结构中，圈梁常采用以下两种做法：

• 砖配筋圈梁。这种圈梁是在楼层标高的墙身上，在砌体中加入钢筋。加入原则是：梁高 4～6 皮砖，钢筋不宜少于 4φ6，钢筋水平间距不宜大于 120 mm，砂浆强度等级不宜低于 M5，钢筋应分上下两层布置（图 4.12）。

• 现浇钢筋混凝土圈梁。这是在施工现场支模、绑钢筋并浇筑混凝土形成的圈梁。

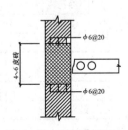

图 4.12　砖配筋圈梁

② 钢筋混凝土圈梁的设置原则（表 4.9）

表 4.9　钢筋混凝土圈梁的设置原则

圈梁设置及配筋		设计烈度		
		6、7 度	8 度	9 度
圈梁设置	沿外墙及内纵墙	屋盖处及每层楼层处	屋盖处及每层楼层处	屋盖处及每层楼盖处
	沿内横墙	同上，屋盖处间距不大于 7 m，楼盖处间距不大于 15 m，构造柱对应部位	同上，屋盖处沿所有横墙且间距不大于 7 m，楼层处间距不大于 7 m，构造柱对应部位	同上，各层所有横墙
配筋		4φ10，φ6@250	4φ12，φ6@200	4φ14，φ6@150

③ 钢筋混凝土圈梁的有关问题

• 钢筋混凝土圈梁的宽度宜与墙厚相同，当墙厚为一砖半时（365 mm），其宽度可为墙厚的 2/3，高度不应小于两皮砖（120 mm）。

• 钢筋混凝土圈梁在墙身上的位置应考虑充分发挥作用并满足最小断面尺寸。外墙圈梁一般与楼板相平，内墙圈梁一般在板下。

钢筋混凝土圈梁被门窗洞口截断时，应在洞口上部增设相同截面的附加圈梁。附加圈梁与圈梁的搭接长度不应小于其垂直间距的两倍，并不小于 1 m（图 4.13）。

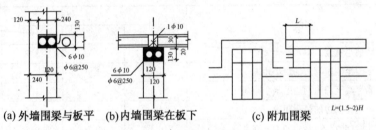

(a) 外墙圈梁与板平　　(b) 内墙圈梁在板下　　(c) 附加圈梁

图 4.13　钢筋混凝土圈梁

（3）增设构造柱

构造柱的作用是与圈梁一起形成墙体内部的骨架，增强建筑物的延性，提高抗震能力。

① 构造柱的加设原则。构造柱的加设原则应符合表4.10的规定。

表4.10 构造柱加设原则

房屋层数				各种层数和烈度均应设置的部位	随层数或烈度变化而增设的部位
6度	7度	8度	9度		
4 5	3 4	2 3	—	楼、电梯间四角，楼梯斜梯段上、下端对应的墙体处；	隔12 m或单元横墙与外纵墙连接处；楼梯间对应的另一侧内横墙与外纵墙交接处
6	5	4	2	外墙四角和对应转角；错层部位横墙与外纵墙交界处	隔开间横墙（轴线）与外墙交接处；山墙与内纵墙交接处
7	≥6	≥5	≥3	大房间内外交接处；较大洞口两侧	内墙（轴线）与外墙交接处；内墙局部较小墙垛处；内纵墙与横墙（轴线）交接处

② 构造柱的主要数据。构造柱的最小断面为 240 mm×180 mm，经常采用 240 mm×240 mm，240 mm×300 mm 和 240 mm×360 mm。最少配筋为：主筋 $4\phi12$（边角部位为 4～14），箍筋为 $\phi6@200$ mm。

③ 构造柱的构造要点

• 施工时，应先放钢筋骨架，再砌砖墙，最后浇筑混凝土。这样做的好处是结合牢固、节省模板。

• 构造柱两侧的墙体应按"五进五退"，留马牙槎，即每 300 mm 高伸出 60 mm，每 300 mm 高再收回 60 mm。构造柱靠外侧应留有 180 mm 厚的保护墙。

• 构造柱的下部应伸入地梁内，无地梁时应伸入室外地坪下 500 mm 处，构造柱的上部应伸入顶层圈梁，以形成封闭的骨架。

• 为加强构造柱与墙体的连接，应沿柱高每 8～10 皮砖（相当于 500～620 mm）放 $\phi6$ 钢筋（按墙厚每 120 mm 加一根），且每边伸入墙内不少于 1 m 或至洞口边。

• 每层楼面的上下各 500～700 mm 处为箍筋加密区，其间距加密至 100 mm（角柱全高均加密）。

（4）后砌砖墙与先砌墙体的拉结

砌体结构中的隔墙大多为后砌砖墙。在与先砌墙体连接时，应在先砌墙体内加设拉结钢筋。其具体做法是上下间距每 8 皮砖（相当于 500 mm）加设 $2\phi6$ 钢筋，并在先砌墙体内预留凸槎（每 5 皮砖凸出一块），伸出墙面 60 mm。钢筋伸入隔墙长度应不小于 500 mm。8 度和 9 度设防时，对长度超过 5.1 m 的后砌砖墙，在其顶部还应与楼板作拉结。

4) 隔声要求

为了避免室外和相邻房间的噪声影响,墙体必须有一定的厚度。实践证明,重而密实的材料是很好的隔声材料。但是,用增加墙体厚度的办法达到隔声效果是不合理的。在工程实践中,除外墙外,一般用带空心层的隔墙或轻质隔墙来满足隔声要求。

(1) 墙体隔声的等级标准

墙体隔声的等级标准见表 4.11。

表 4.11　隔声减噪设计标准等级

特级	一级	二级	三级
特殊标准	较高标准	一般标准	最低标准

(2) 噪声的声源

噪声的声源包括街道噪声、工厂噪声、建筑物内噪声等多方面,见表 4.12。

表 4.12　各种场所的噪声

噪声声源名称	至声源的距离(m)	噪声级(dB)	噪声声源名称	至声源的距离(m)	噪声级(dB)
安静的街道	10	60	建筑物内高声谈话	5	70~75
汽车鸣喇叭	15	75	室内若干人高声谈话	5	80
街道上鸣高音喇叭	10	85~90	室内一般谈话	5	60~70
工厂汽笛	20	105	室内关门声	5	75
锻压钢板	5	115	机车汽笛声	10~15	100~105
铆工车间		120			

(3) 允许的噪声标准

各种建筑的允许噪声标准见表 4.13。

表 4.13　一般民用建筑房间的允许噪声级

房间名称	允许噪声级(dB)	房间名称	允许噪声级(dB)
公寓、住宅、旅馆	35~45	剧院	30~35
会议室、小办公室	40~45	医院	35~40
图书馆	40~45	电影院、食堂	35~40
教室、讲堂	35~40	饭店	50~55

(4) 墙体的隔声标准

围护结构空气声隔声标准见表 4.14。

表 4.14 围护结构(隔墙和楼板)空气声隔声标准(计权隔声量)　　(单位:dB)

建筑类别	部位	特级	一级	二级	三级
住宅	分户墙与楼板		≥50	≥45	≥40
学校	有特殊安静要求的房间与一般教室间的隔墙和楼板	≥50 ≥50	— —	—	—
	一般教室与各种产生噪声的活动室间的隔墙和楼板		—	≥45	—
	一般教室与教室之间的隔墙与楼板		—	—	≥40
医院	病房与病房之间		≥45	≥40	≥35
	病房与产生噪声的房间之间		≥50	≥50	≥45
	手术室与病房之间		≥50	≥45	≥40
	手术室与产生噪声的房间之间		≥50	≥50	≥45
	听力测听室的围护结构		≥50	≥50	≥50
旅馆	客房与客房之间的隔墙	≥50	≥45	≥40	≥40
	客房与走廊之间的隔墙(含门)	≥40	≥40	≥35	≥30
	客房的外墙(含窗)	≥40	≥35	≥25	≥20

(5)门窗的隔声量

门窗的隔声量见表 4.15。

表 4.15 门窗的隔声量

门窗的构造	隔声量(dB)
无弹性垫的普通结构双扇门,门心板为胶合板	10~12
无弹性垫的普通结构单扇门,门心板为胶合板	15
有弹性垫的普通结构双扇门,门心板为胶合板	20
有弹性垫的多层门心板的单扇门	26~30
单层玻璃窗	约15~20
双层玻璃窗	约25

(6)隔声构造

隔除噪声的方法包括采用实体结构、增设隔声材料和加做空气层等几个方面。

① 采用实体结构隔声。构件材料的表观密度越大,其隔声效果就越好。例如,双面抹灰的 1/4 砖墙,空气隔声量平均值为 32 dB;双面抹灰的 1/2 砖墙,空气隔声量平均值为 45 dB;双面抹灰的一砖墙,空气隔声量为 48 dB。另外,构件材料越密实,其隔声效果也越好。

【例 4.1】 面临街道的职工住宅,求其隔声量并选择构造形成。

【解】 由表 4.12 查出街道上汽车鸣喇叭的噪声级为 75 dB,由表 4.13 查出住宅的允许噪声级为 45 dB。

根据公式：

$$R_a = L - L_0 = 75 - 45 = 30 \text{(dB)}$$

需要隔除的噪声量为 30 dB，采用双面抹灰的 1/2 砖墙已基本满足要求，但开窗不宜过大。

② 采用隔声材料隔声。隔声材料指的是玻璃棉毡、轻质纤维板等材料，一般放在靠近声源的一侧。其构造做法如图 4.14 所示。

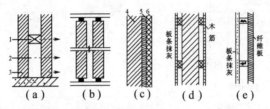

(a) 影响双层墙隔声的因素

(b) 双层墙的边缘做弹性垫可改善隔声量 5～10 dB

(c) 弹性层类似空气层可改善隔声量 8～10 dB

(d) 双面空气间层隔声量为 50 dB

(e) 空气隔声量为 35 dB

1—声桥；2—空气层厚度；3—边界的联系情况；4—≥115 mm 的砖墙或混凝土；
5—弹性层，如玻璃棉毡；6—软质纤维板

图 4.14　夹层隔声墙构造

③ 采用空气层隔声。夹层墙可以提高隔声效果，中间空气层的厚度以 80～100 mm 为宜。

4.3　墙体的设计

1) 墙身的细部构造

墙身的细部构造一般指在墙身上的细部做法，其中包括防潮层、勒脚、散水、明沟、踢脚、窗台、过梁、窗套、腰线、檐部、烟道、通风道等。本节以实心黏土砖为主。

(1) 防潮层

在墙身中设置防潮层的目的是防止土壤中的水分沿基础墙上升和勒脚部位的地面水影响墙身。它的作用是提高建筑物的耐久性，保持室内干燥卫生。防潮层的具体做法是：高度应在室内地坪与室外地坪之间，标高多为 −0.06～−0.07 m，以地面垫层中部最为理想。防潮层的材料有：

① 防水砂浆防潮层。一种做法是抹一层 20 mm 厚的 1∶3 水泥砂浆加 5％防

水粉拌和而成的防水砂浆。另一种做法是用防水砂浆砌筑 4 皮至 6 皮砖,位置在室内地坪上下(图 4.15)。

②　油毡防潮层。在防潮层部位先抹 20 mm 厚的砂浆找平层,然后干铺油毡一层或用热沥青粘贴一毡二油。油毡的宽度应与墙厚一致,或稍大一些。油毡沿长度铺设,搭接长度应不小于 100 mm。油毡防潮较好,但使基础墙和上部墙身断开,减弱了砖墙的抗震能力(图 4.16)。

③　混凝土防潮层。由于混凝土本身具有一定的防水性能,常把防水要求和结构做法合并考虑。即在室内外地坪之间浇筑 60 mm 厚的混凝土地梁防潮层,内放 $3\phi6$、$\phi4@250$ 钢筋(图 4.17)。

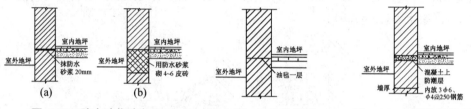

图 4.15　防水砂浆防潮层　　图 4.16　油毡防潮层　　图 4.17　混凝土防潮层

(2) 勒脚

外墙墙身下部靠近室外地坪的部分叫勒脚。勒脚的作用是防止地面水、屋檐滴下的雨水的浸蚀,从而保护墙面,保证室内干燥,提高建筑物的耐久性;同时还有美化建筑外观的作用。勒脚经常采用抹水泥砂浆、水刷石或加大墙厚的办法做成。勒脚的高度一般为室内地坪与室外地坪之高差。也可以根据立面的需要而提高勒脚的高度尺寸(图 4.18)。

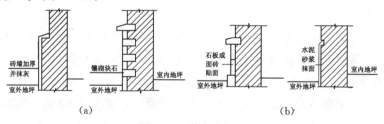

图 4.18　勒脚的做法

(3) 散水与明沟

散水指的是靠近勒脚下部的排水坡,明沟是靠近勒脚下部设置的排水沟。它们的作用都是为了迅速排除从屋檐滴下的雨水,防止因积水渗入地基而造成建筑物的下沉。散水的宽度应稍大于屋檐的挑出尺寸,且不应小于 600 mm。散水坡度一般在 5%左右,外缘高出室外地坪 20～50 mm 较好。散水的常用材料为混凝土、砖、炉渣等(图 4.19)。

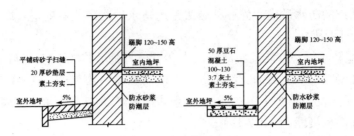

图 4.19　散水做法示例

明沟是将积水通过明沟引向下水道,一般在年降雨量为 900 mm 以上的地区才选用。沟宽一般在 200 mm 左右,沟底应有 0.5% 左右的纵坡。明沟的材料可以用砖、混凝土等(图 4.20)。

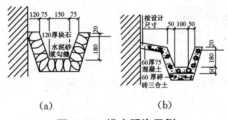

　　(a)　　　　　　　　(b)

图 4.20　排水明沟示例

(4) 踢脚

踢脚是外墙内侧或内墙两侧的下部和室内地坪交接处的构造,目的是防止扫地时污染墙面。踢脚的高度一般在 120～150 mm。常用的材料有水泥砂浆、水磨石、木材、缸砖、油漆等,选用时一般应与地面材料一致。

(5) 窗台

窗洞口的下部应设置窗台。窗台根据窗子的安装位置可形成内窗台和外窗台。外窗台是为了防止在窗洞底部积水,并流向室内;内窗台则是为了排除窗上的凝结水,以保护室内墙面,及存放东西、摆放花盆等。

窗台的底面檐口处应做成锐角形或半圆凹槽(叫"滴水"),以便于排水,减少对墙面的污染。

① 外窗台的做法

· 砖窗台。砖窗台应用较广,有平砌挑砖和立砌挑砖两种做法。表面可抹 1∶3 水泥砂浆,并应有 10% 左右的坡度。挑出尺寸大多为 60 mm。

· 混凝土窗台。这种窗台一般是现场浇筑而成。

② 内窗台的做法

· 水泥砂浆抹窗台。一般是在窗台上表面抹 20 mm 厚的水泥砂浆,并应突出墙面 5 mm 为好[图 4.21(a)]。

• 窗台板。对于装修要求较高而且窗台下设置暖气片的房间,一般均采用窗台板。窗台板可以用预制水泥板或水磨石板。装修要求特别高的房间还可以采用木窗台板[图 4.21(b)]。

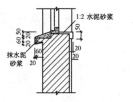

(a) 外侧半砖内侧抹砂浆　　(b) 外侧立砖内侧窗台板

图 4.21　窗台的做法

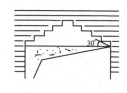

图 4.22　过梁受力示意图

(6) 过梁

为承受门窗洞口上部的荷载,并把它传到门窗两侧的墙上,以免门窗框被压坏或变形,所以在其上部要加设过梁。过梁上的荷载一般呈三角形分布,为计算方便,可以把三角形折算成 1/3 洞口宽度,过梁只承受其上部 1/3 洞口宽度的荷载,因而过梁的断面不大,梁内配筋也较少(图 4.22)。过梁一般分为钢筋混凝土过梁、砖拱过梁、钢筋砖过梁等几种。

① 预制钢筋混凝土过梁。预制钢筋混凝土过梁是应用比较普遍的一种过梁。下面以北方地区预制过梁为例进行介绍。北方地区的过梁分为三种截面、三种荷载等级。过梁的宽度与半砖长相同,基本宽度为 115 mm。梁长及梁高均和洞口尺寸有关,并应符合模数要求,见图 4.23。

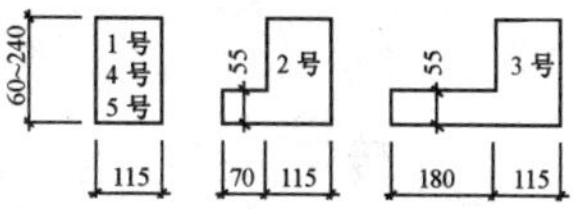

图 4.23　预制钢筋混凝土过梁

其中,一级荷载只有矩形截面,洞口尺寸 600 mm、900 mm,高度为 60 mm,代号为 1。二级荷载有三种截面,矩形截面代号为 4,洞口尺寸 900 mm、1 000 mm、1 200 mm(高度为 120 mm)和 1 500 mm、1 800 mm、2 100 mm、2 400 mm(高度为 180 mm);小挑檐截面代号为 2,洞口尺寸为 600 mm、900 mm、1 200 mm(高度为 120 mm)和 1 500 mm、1 800 mm、2 100 mm、2 400 mm(高度为 180 mm);大挑檐截面代号为 3,洞口尺寸为 600 mm、900 mm、1 200 mm(高度为 120 mm)和 1 500 mm、1 800 mm、2 100 mm、2 400 mm(高度为 180 mm)。三级荷载为矩形截面,代号为 5,洞口尺寸为 900 mm、1 000 mm、1 200 mm、1 500 mm、1 800 mm(高度为 180 mm)和 2 100 mm、2 400 mm(高度为 240 mm)。三种荷载中二级荷载应用最多。

图 4.24 所列矩形截面的过梁主要用于内墙和外墙的里皮；小挑檐过梁和大挑檐过梁主要用于外墙的外侧。选用时根据墙厚来确定数量，根据洞口来确定型号。例如宽 900 mm 的门洞口，墙厚为 360 mm，应选 3 根 GL 9.4；再如 1 800 mm 的窗口，外墙为 360 mm，采用大挑檐过梁，应选取 GL 18.3 和 GL 18.4 两根过梁。

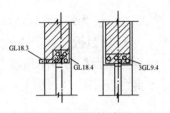

图 4.24　过梁的选用

在图 4.24 中看到的过梁编号，它的含义是：GL—过梁；18—洞口宽度；4—荷载等级和截面型式。

② 钢筋砖过梁。它又称苏式过梁。这种过梁的用砖应不低于 MU7.5，砂浆不低于 M2.5。洞口上部应先支木模，上放直径不小于 5 mm 的钢筋，间距≤120 mm，伸入两边墙内应不小于 240 mm。钢筋上下应抹砂浆层。这种过梁的最大跨度为 2 m（图 4.25）。

(a) 横剖面图　　　(b) 构造做法示意图

图 4.25　钢筋砖过梁

③ 砖砌平拱。这种过梁是采用竖砌的砖作为拱券。这种券是水平的，故称平拱。砖应不低于 MU7.5，砂浆不低于 M2.5。这种平拱的最大跨度为 1.8 m（图 4.26）。

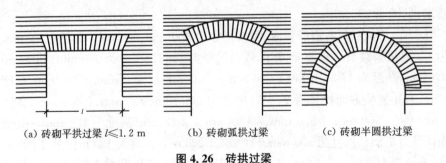

(a) 砖砌平拱过梁 l≤1.2 m　　(b) 砖砌弧拱过梁　　(c) 砖砌半圆拱过梁

图 4.26　砖拱过梁

（7）窗套与腰线

这些都是立面装修的做法。窗套由带挑檐的过梁、窗台和窗边挑出立砖构成，外抹水泥砂浆后，可再刷白浆或做其他装饰。腰线是指过梁和窗台形成的上下水平线条，外抹水泥砂浆后，刷白浆或做其他装饰（图 4.27）。

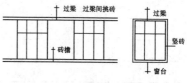

图 4.27　窗套与腰线

（8）檐部

墙身上部与屋檐相交处的构造称为檐部。檐部的做法有女儿墙、挑檐板和斜板挑檐等多种，详细做法将在后面章节介绍。

（9）烟道与通风道

在住宅或其他民用建筑中，为了排除炉灶的烟气或其他污浊空气，常在墙内设置烟道和通风道。烟道和通风道分为现场砌筑和预制构件进行拼装两种做法。

砖砌烟道和通风道的断面尺寸应根据排气量来决定，但不应小于 120 mm×120 mm。烟道和通风道除单层房屋外，均应有进气口和排气口。烟道的排气口在下，距楼板 1 m 左右较合适；通风道的排气口应靠上，距楼板底 300 mm 较合适。烟道和通风道不能混用，以避免串气（图 4.28）。

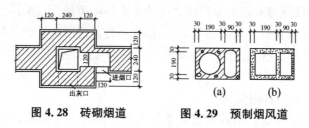

图 4.28　砖砌烟道　　图 4.29　预制烟风道

混凝土烟风道及 GRC 烟风道一般为每层一个预制构件，上下拼接而成，其断面形状如图 4.29 所示。

2）隔墙

建筑中不承重，只起分隔室内空间作用的墙体叫隔断墙。通常人们把到顶板下皮的隔断墙叫隔墙，而不到顶只有半截的隔断墙叫隔断。

隔断墙的作用和特点是：隔断墙应愈薄愈好，目的是减轻加给楼板的荷载；隔断墙的稳定性必须保证，特别要注意与承重墙的拉结；隔墙要满足隔声、耐水、耐火的要求。

（1）隔墙的隔声要求

声音的大小在声学中用声强级表示，单位是分贝（dB）。人们习惯上把不悦耳的声音叫噪声。噪声由空气传播的叫空气噪声，噪声由固体传播的叫固体噪声。隔声主要是隔除空气噪声。声强级与人耳听觉的关系如表 4.16 所示。

表 4.16　噪声等级

声强级(dB)	人耳感觉
120	耳朵感觉疼痛
110	
100	乐队音乐最强音
90	
80	无线电大声放音乐声
70	
60	相隔数米的谈话声
50	小声谈话
40	很轻的无线电音乐声
30	相隔 1 m 的微语声
20	
10	树叶的微动声
0	刚能听到的声音

　　允许的噪声级随房间而异。教室、讲堂为 35～40 dB,住宅是 45～55 dB 等。表 4.16 中所列数值与允许的噪声级之间的差数叫隔声量。从生活经验可知,声音很容易透过质地松软的又薄又轻的墙体,但是不容易透过坚硬的又厚又重的墙,这是隔声的质量定律。这就产生了隔墙的隔声要求与减轻隔墙自重、减薄隔墙厚度之间的矛盾。

　　(2) 一些隔墙的常用做法

　　① 120 mm 厚隔墙。这种墙用普通黏土砖的顺砖砌筑而成,它一般可以满足隔声、耐水、耐火的要求。由于这种墙较薄,因而必须注意稳定性的要求。满足砖砌隔墙的稳定性应从以下几个方面入手:

　　• 隔墙与外墙的连接处应加拉筋,拉筋应不少于 2 根,直径为 6 mm,伸入隔墙长度为 1 m。内外墙之间不应留直槎。

　　• 当墙高大于 3 m、长度大于 5.1 m 时,应每隔 8～10 皮砖砌入一根 $\phi6$ 钢筋(图 4.30)。

　　由于这种墙体采用的主体材料为普通黏土实心砖,当前,在一些城市中已禁止使用,而应用黏土多孔砖替代,其厚度有 100 mm 和 120 mm 两种。

　　② 木板条隔墙。木板条隔墙的特点是质轻、墙薄,不受部位的限制,拆除方便,因而也有较大的灵活性。木板条隔墙的构造特点是用方木组成框架,钉以板条,再抹灰,形成隔墙。

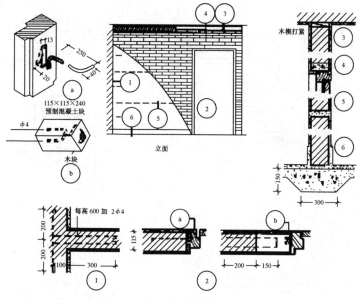

图 4.30　半砖隔墙

方木框架的构造是：安上下槛（50 mm×100 mm 木方）；在上下槛之间每隔 400～600 mm 立垂直龙骨，断面为 30 mm×70 mm～50 mm×70 mm；然后在龙骨中每隔 1.5 m 左右加横撑或斜撑，以增强框架的坚固性与稳定性；龙骨外侧钉板条，板条的尺寸为 6 mm×24 mm×1 200 mm（厚×宽×长）；板条外侧抹灰。为了便于抹灰、保证拉结，板条之间应留有 7～8 mm 的缝隙。灰浆应以石灰膏加少量麻刀或纸筋为主，外侧喷白浆（图 4.31）。

在木板墙上设置门窗时，门窗洞口两侧的龙骨断面应加大，或采用双筋龙骨，以利加固。为了防潮防水，下槛的下部可先砌 3～5 皮砖。

③ 加气混凝土砌块隔墙。加气混凝土是一种轻质多孔的建筑材料。它具有表观密度轻、保温效能高、吸声好、尺寸准确和可加工、可切割的特点。在建筑工程中采用加气混凝土制品具有降低房屋自重、提高建筑物的功能、节约建筑材料、减少运输量、降低造价等优点。

加气混凝土砌块的尺寸为 75 mm、100 mm、125 mm、150 mm、200 mm 厚，长度为 500 mm。砌筑加气混凝土砌块时，应采用 1：3 的水泥砂浆，并考虑错缝搭接。为保证加气混凝土砌块隔墙的稳定性，应预先在其连接的墙上留出拉筋，并伸入隔墙中。钢筋数量应符合抗震设计规范的要求。具体做法同 120 mm 厚砖隔墙。

加气混凝土隔墙上部必须与楼板或梁的底部顶紧，最好加木楔；如果条件许可，可以加在楼板的缝内以保证其稳定（图 4.32）。

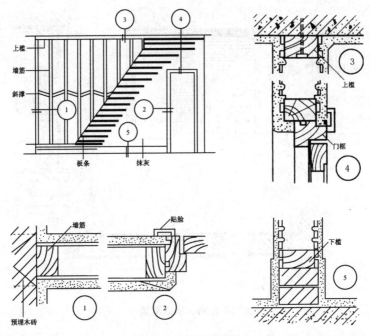

图 4.31　木板条隔墙

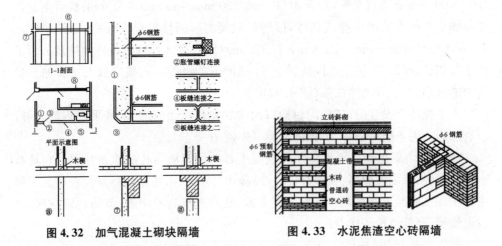

图 4.32　加气混凝土砌块隔墙　　　　图 4.33　水泥焦渣空心砖隔墙

　　④ 水泥焦渣空心砖隔墙。水泥焦渣空心砖采用水泥、炉渣经成型、蒸养而成。这种砖的表观密度小,保温隔热效果好。

　　砌筑炉渣空心砖隔墙时,应注意墙体的稳定性。在靠近外墙的地方和窗洞口两侧常采用黏土砖砌筑。为了防潮防水,一般应在靠近地面和楼板的部位先砌筑3～5皮砖(图4.33)。

⑤ 加气混凝土条板隔墙。加气混凝土条板厚 100 mm、宽 600 mm,具有质轻、多孔、易于加工等优点。加气混凝土条板之间可以用水玻璃矿渣粘接剂粘接,也可以用聚乙烯醇缩甲醛(107 胶)粘接。

在加气混凝土隔墙上固定门窗框的方法有以下几种:

• 膨胀螺栓法。在门窗框上钻孔,放胀管,拧紧螺钉或钉钉子。

• 胶粘圆木安装。在加气混凝土条板上钻孔,刷胶,钉入涂胶圆木,然后立门窗框,并拧螺钉或钉钉子。

• 胶粘连接。先立好窗框,用 107 胶粘接在加气混凝土墙板上,然后拧螺钉或钉钉子。

⑥ 钢筋混凝土板隔墙。这种隔墙采用普通的钢筋混凝土,四角加设埋件,并与其他墙体进行焊接连接(图 4.34)。

⑦ 碳化石灰空心板隔墙。碳化石灰空心板是以磨细的生石灰为主要原料,掺入少量的玻璃纤维,加水搅拌,振动成型,经干燥、碳化而成。它具有制作简单、不用钢筋、成本低、自重轻、可以干作业等优点。碳化石灰空心板是一种竖向圆孔板,高度应与层高相适应。粘接砂浆应用水玻璃矿渣粘接剂,安装以后应用腻子刮平,表面粘贴塑料壁纸(图 4.35)。

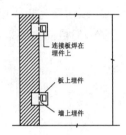

图 4.34 钢筋混凝土板隔墙

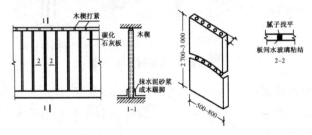

图 4.35 碳化石灰空心板隔墙

⑧ 泰柏板隔墙。泰柏板又称为钢丝网泡沫塑料水泥砂浆复合墙板,它是以焊接 2 mm 钢丝网笼为构架,填充泡沫塑料芯层,面层经喷涂或抹水泥砂浆而成的轻质板材。

这种板的特点是重量轻、强度高、防火、隔声、不腐烂等。其产品规格为 40 mm×1 200 mm×75 mm(长×宽×厚),抹灰后的厚度为 100 mm。泰柏板与顶板底板采用固定夹连接,墙板之间采用固定夹连接(图 4.36)。

⑨ GY 板隔墙。GY 板又称为钢丝网岩棉水泥砂浆复合墙板,它是以焊接 2 mm 钢丝网笼为构架,填充岩棉板芯

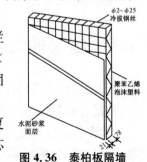

图 4.36 泰柏板隔墙

层,面层经喷涂或抹水泥砂浆而成的轻质板材。

GY板具有重量轻、强度高、防火、隔声、不腐烂等性能,其产品规格为:长度2 400～3 300 mm,宽度900～1 200 mm,厚度55～60 mm。

⑩ 纸面石膏板隔墙。纸面石膏板是一种新型建筑材料,它以石膏为主要原料,生产时在板的两面粘贴具有一定抗拉强度的纸,以增加板材搬运时的抗弯能力。纸面石膏板的厚度为12 mm,宽度为900～1 200 mm,长度为2 000～3 000 mm,一般使其长度恰好等于室内净高。纸面石膏板的特点是表观密度小($750～900 \ kg/m^3$),防火性能好,加工性能好(可锯、割、钻孔、钉等),可以粘贴,表面平整,但极易吸湿,故不宜用于厨房、厕所等处。目前也有耐湿纸面石膏板,但价格较高。

纸面石膏板隔墙也是一种立柱式隔墙,它的龙骨可以用木材、薄壁型钢等材料制作,但目前主要采用石膏板条粘接成的矩形或工字形龙骨,见图4.37。

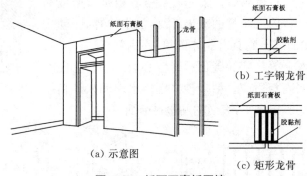

（a）示意图　　（b）工字钢龙骨　　（c）矩形龙骨

图4.37　纸面石膏板隔墙

石膏板龙骨的中距一般为500 mm,用粘接剂固定在顶棚和地面之间。纸面石膏板用同样的粘接剂粘贴在石膏龙骨上,板缝刮腻子后即在表面装修(如裱糊壁纸、涂刷涂料、喷浆等)。

纸面石膏板隔墙有空气间层,能提高隔声能力。在龙骨两侧各粘贴一层石膏板时,计权隔声量约为35.5 dB;在龙骨两侧各粘贴两层石膏板时,计权隔声量为45～50 dB。

4.4　墙面的装修

墙面内外装修的作用是:保护墙面,提高其抵抗风、雨、温度、酸、碱等的侵蚀能力;满足立面装修的要求,增强美感;增强隔热保温及隔声的效能。

墙面装修分为两大类做法,即清水墙和混水墙。清水墙是指只做勾缝处理的做法,一般多用于外墙;混水墙是指采用不同的装修手段,对墙体进行全面包装的做法。

1) 外墙面装修

外墙面装修包括贴面类、抹灰类和喷刷类。

(1) 贴面类

这种做法是在墙的外表面铺贴花岗石、大理石、陶瓷锦砖(又称马赛克)、外墙饰面砖等饰面材料。花岗石给人以庄重、严肃的感觉;大理石色彩丰富,外形美观,给人以华丽之感;陶瓷锦砖为色泽与形状各异的小瓷砖;外墙饰面砖为炻质材料制作的大型面砖,贴在建筑物的外表可以装饰与美化立面,使其丰富多彩,形式多样。

大理石板的铺贴方法是在墙、柱中预埋扁铁钩,在板顶面做凹槽,用扁铁钩钩住凹槽,中间浇灌水泥砂浆。另一种方法是在墙柱中间预留 $\phi6$ 钢筋钩,用钢筋钩固定 $\phi6$ 钢筋网,将大理石板用钢丝绑扎在钢筋网上,再在空隙处浇灌水泥砂浆(图 4.38)。近期,石材干挂法也广泛应用于一些大型建筑中。

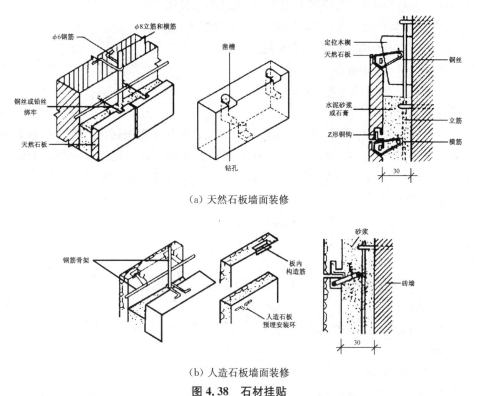

(a) 天然石板墙面装修

(b) 人造石板墙面装修

图 4.38 石材挂贴

在选择天然石材时应注意其放射性,以减少对人体的危害。根据镭含量的多少可以将石材分为三类:A 类主要用于室内装修;B 类主要用于其他装饰物的内部装修;C 类用于一切建筑物的外表面。

陶瓷锦砖主要用水泥砂浆进行镶贴。外墙饰面砖主要采用水泥砂浆、聚合物水泥砂浆(在水泥砂浆中加入少量的优质 107 胶)和特制的粘接剂(如 1903 胶)进行粘贴。

贴面类装修几种常见的做法如下:

① 贴陶瓷锦砖墙面

- 12 mm 厚 1∶3 水泥砂浆打底,扫毛或画出纹道。
- 刷素水泥浆一道(内掺水重 3‰~5‰的 107 胶)。
- 铺 3 mm 厚 1∶1∶2 纸筋白灰膏水泥混合砂浆结合层。
- 贴 5 mm 厚陶瓷锦砖。
- 水泥擦缝。

② 贴面砖墙面

- 6 mm 厚 1∶3 水泥砂浆打底,扫毛或画出纹道。
- 刷素水泥浆一道(内掺水重 3‰~5‰的 107 胶)。
- 铺 12 mm 厚 1∶0.2∶2 水泥白灰膏砂浆。
- 贴 12 mm 厚面砖。
- 1∶1 水泥砂浆(细砂)勾缝。

(2) 抹灰类

外墙抹灰分为普通抹灰和装饰抹灰两大类。普通抹灰包括在外墙上抹水泥砂浆等做法;装饰抹灰包括水刷石、干粘石、剁斧石和拉毛灰等做法。抹灰类饰面必须分层操作,否则不易平整,而且容易脱落。抹灰类装饰的几种常见做法如下:

① 水泥砂浆墙面

- 12 mm 厚 1∶3 水泥砂浆打底,扫毛或画出纹道。
- 6 mm 厚 1∶2.5 水泥砂浆罩面。

② 水刷石墙面

- 12 mm 厚 1∶3 水泥砂浆打底,扫毛或画出纹道。
- 刷素水泥浆一道(内掺水重 3‰~5‰的 107 胶)。
- 8 mm 厚 1∶1.5 水泥石子(小八厘)或 10 mm 厚 1∶1.25 水泥石子(中八厘)罩面。

③ 干粘石墙面

- 12 mm 厚 1∶3 水泥砂浆打底,扫毛或画出纹道。
- 6 mm 厚 1∶3 水泥砂浆罩面。
- 刮 1 mm 厚 107 胶素水泥浆粘结层[水∶107 胶=1∶(0.3~0.5)],干粘石面层拍平压实(粒径以小八厘略掺石屑为宜)。

④ 剁斧石墙面

- 12 mm 厚 1∶3 水泥砂浆打底,扫毛或画出纹道。
- 刷素水泥浆一道(内掺水重 3‰～5‰的 107 胶)。
- 10 mm 厚 1∶1.25 水泥石子(米粒石内掺 30%石屑)罩面,赶平压实。
- 剁斧斩毛,两遍成活。

(3) 喷刷类

喷刷类饰面施工简单,造价便宜,而且有一定的装饰效果,其材料为各种外墙涂料。常用的喷刷方法如下:

① 滚涂墙面

- 12 mm 厚 1∶3 水泥砂浆打底,木抹搓平。
- 刷一道 107 胶水溶液(配比为水∶107 胶=1∶0.25)。
- 滚涂聚合物水泥砂浆。
- 喷甲基硅醇钠憎水剂。

② 喷涂墙面

- 12 mm 厚 1∶3 水泥砂浆打底,木抹搓平。
- 刷一道 107 胶水溶液(配比为水∶107 胶=1∶0.25)。
- 滚涂聚合物水泥砂浆三遍。
- 喷甲基硅醇钠憎水剂。

③ 喷涂 JH801 涂料墙面

- 12 mm 厚 1∶3 水泥砂浆打底,扫毛或画出纹道。
- 6 mm 厚 1∶2.5 水泥砂浆罩面。
- 喷涂 JH801 涂料两遍。

④ 刷乳胶漆墙面

- 12 mm 厚 1∶3 水泥砂浆打底,扫毛或画出纹道。
- 6 mm 厚 1∶2.5 水泥砂浆罩面,铁抹压光,水刷带出小纹道。
- 刷乳胶漆(抹灰后干燥不少于三天,施工温度不低于+15 ℃)。

⑤ 彩色弹涂墙面

- 12 mm 厚 1∶3 水泥砂浆打底,木抹搓平。
- 喷底油一道。
- 3 mm 厚弹涂浆点。
- 用油喷枪喷罩面剂一道。

⑥ 喷丙烯酸有光外用乳胶漆墙面

- 12 mm 厚 1∶3 水泥砂浆打底,扫毛或画出纹道。
- 6 mm 厚 1∶2.5 水泥砂浆找平。

- 喷丙烯酸有光外用乳胶漆两遍。

⑦ 喷丙烯酸无光外用涂料

- 12 mm 厚 1∶3 水泥砂浆打底,扫毛或画出纹道。
- 6 mm 厚 1∶2.5 水泥砂浆找平。
- 喷丙烯酸无光外用涂料两遍。

(4) 清水墙类

砖墙外表只勾缝,不做其他装修的墙面叫清水墙。

① 清水砖墙面:清水砖墙用 1∶1 水泥砂浆勾凹缝。

② 清水砖刷浆墙面:

- 清水砖墙用 1∶1 水泥砂浆勾缝,凹入应不小于 4 mm。
- 刷或喷氧化铁红(黄),粘接剂为乳液(按水重的 15%～20%掺用)。

2) 内墙面装修

内墙面装修一般可以归结为四类,即贴面类、抹灰类、喷刷类和裱糊类。

(1) 贴面类

其中包括大理石板、预制水磨石板、面砖及陶瓷锦砖等材料,主要用于门厅和装饰要求、卫生要求较高的房间。下面介绍几种常用做法。

① 大理石墙面

- 钻孔剔槽,预埋 ϕ6@150 长钢筋。
- 绑扎 ϕ6 双向钢筋网(双向钢筋间距按板材尺寸)。
- 穿钢丝,安装 20～30 mm 厚大理石板。
- 50 mm 厚 1∶2.5 水泥砂浆灌缝。
- 白水泥擦缝。

② 预制水磨石墙面

- 钻孔剔槽,预埋 ϕ6@150 长钢筋。
- 绑扎 ϕ6 双向钢筋网(双向钢筋间距按板材尺寸)。
- 穿钢丝,安装 20 mm 厚预制水磨石板。
- 粘贴 50 mm 厚 1∶2.5 预制水磨石板。
- 稀水泥浆擦缝。

③ 釉面砖墙面

- 12 mm 厚 1∶3 水泥砂浆打底,扫毛或画出纹道。
- 抹 8 mm 厚 1∶0.1∶2 水泥白灰膏砂浆。
- 贴 5 mm 厚釉面砖。
- 白水泥擦缝。

（2）抹灰类

常用的几种做法如下：

① 砖墙面抹灰

- 9 mm 厚 1：3 白灰膏砂浆打底。

- 抹 7 mm 厚 1：3 白灰膏砂浆。

- 2 mm 厚纸筋灰罩面。

- 喷大白浆。

② 混凝土墙面抹灰

- 刷素水泥浆一道（内掺水重 3％～5％的 107 胶）。

- 12 mm 厚 1：3：4 水泥白灰膏砂浆打底。

- 2 mm 厚纸筋灰罩面。

- 喷大白浆。

③ 水泥砂浆墙面

- 13 mm 厚 1：3 水泥砂浆打底，扫毛或画出纹道。

- 5 mm 厚 1：2.5 水泥砂浆罩面，压实赶光。

（3）喷刷类

喷刷类做法包括刷漆、喷浆、喷刷涂料等。这里介绍常用的几种做法。

① 油漆墙面

- 13 mm 厚 1：0.3：3 水泥白灰膏砂浆打底。

- 5 mm 厚 1：0.3：2.5 水泥白灰膏砂浆罩面，压光。

- 刷无光油漆（普通、中级、高级）。

② 乳胶漆墙面

- 13 mm 厚 1：0.3：3 水泥白灰膏砂浆打底。

- 5 mm 厚 1：0.3：2.5 水泥白灰膏砂浆罩面，压光。

- 刷乳胶漆（中级、高级）。

③ 刮腻子喷浆墙面

- 大模现浇钢筋混凝土板或预制大型墙板表面清扫干净。

- 满刮石膏纤维素腻子。

- 满刮大白腻子。

- 喷大白浆。

④ 加气混凝土墙面抹灰

- 刷（喷）一道 107 胶水溶液（配比为水：107 胶＝1：0.25）。

- 8 mm 厚 1：3：9 水泥白灰膏砂浆打底。

- 2 mm 厚纸筋灰罩面。

- 喷大白浆。

⑤ 丙烯酸无光内用乳胶漆墙面

- 涂刷丙烯酸无光内用乳胶漆两遍。
- 基层喷封底涂料一遍,增强粘结力。
- 乳胶、滑石粉腻子修补刮平。
- 5 mm 厚 1∶0.3∶2.5 水泥石灰膏砂浆找平。
- 13 mm 厚 1∶0.3∶3 水泥石灰膏砂浆打底,扫毛或划出纹道。

(4) 裱糊类

常用的裱糊类包括塑料壁纸和壁布两大类。一类是在原纸上或布上涂望料涂层,另一类是在原纸上或布上压一层塑料壁纸。下面介绍常用的几种做法。

① 印花涂塑壁纸墙面

- 13 mm 厚 1∶0.3∶3 水泥白灰膏砂浆打底。
- 5 mm 厚 1∶0.3∶2.5 水泥白灰膏砂浆罩面打光。
- 满刮腻子一道。
- 刷(喷)一道 107 胶水溶液(配比为 107 胶∶水=3∶7)。
- 贴壁纸:在纸背和墙上均刷胶,胶的配比为 107 胶∶纤维素=1∶0.3(纤维素水溶液浓度为 4%),并稍加水。

② 普及型涂塑壁纸墙面

- 13 mm 厚 1∶3∶9 水泥白灰膏砂浆打底,铁抹子压光。
- 满刮腻子一道。
- 刷(喷)一道 107 胶水溶液(配比为 107 胶∶水=3∶7)。
- 裱糊普及型涂塑壁纸,在纸背面和墙上均刷胶,胶的配比为 107 胶∶纤维素=1∶0.3(纤维素水溶液浓度为 4%),并稍加水。

4.5 其他材料的墙体构造

其他材料墙体的选材主要有承重黏土多孔砖、混凝土空心小砌砖等。推广这些材料的目的在于节约耕地,减少能源消耗,提高我国建筑工业化的水平。

1) 黏土多孔砖的墙体构造

(1) 黏土多孔砖的类型

① 2M 系列。2M 系列共有四种类型(代号为 DM,单位为 mm):DM_1(190×240×90),DM_2(190×190×90),DM_3(190×140×90),DM_4(190×90×90)。见图 4.39、图 4.40。

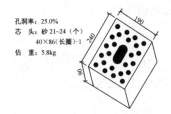

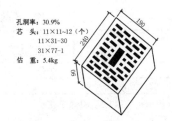

<table>
<tr><td>孔洞率：25.0%</td></tr>
<tr><td>芯　头：砂21~24（个）
　　　　40×86（长圈）-1</td></tr>
<tr><td>估　重：5.8kg</td></tr>
</table>

<table>
<tr><td>孔洞率：30.9%</td></tr>
<tr><td>芯　头：11×11~12（个）
　　　　11×31-30
　　　　31×77-1</td></tr>
<tr><td>估　重：5.4kg</td></tr>
</table>

图 4.39　DM_1-1 砖型示意图　　　　图 4.40　DM_1-2 砖型示意图

上述砖体在实际使用时还应配以实心砖（190 mm×90 mm×40 mm），以达到符合模数的墙体。

② 3M 系列。3M 系列也有四种类型（代号为 DM，单位为 mm）：DM_{11}（290×240×90），DM_{22}（290×190×90），DM_{33}（290×140×90），DM_{44}（290×90×90）。

③ KP_1 型系列。KP_1 型多孔砖的尺寸为 240 mm×115 mm×90 mm，并与普通黏土实心砖和 178 mm×115 mm×90 mm 多孔砖配套使用。

④ 普通黏土多孔砖系列。普通黏土多孔砖的尺寸为 240 mm×115 mm×115 mm，可与黏土实心砖配套使用。

上述几种砖型中，北京地区多采用 2M 系列和普通黏土多孔砖系列。下面以 2M 系列为主进行介绍。

（2）2M 系列砖型的有关问题

① 有关数据

2M 系列砖型的配砖（P）采用 190 mm×90 mm×40 mm 的实心砖。2M 系列多孔砖宜用 MU20、MU15、MU10，砂浆宜用 M10、M7.5、M5。

② 一般规定

• 模数多孔砖仅用于建筑标高±0.000 以上（或防潮层以上）的墙体，地面以下（或防潮层以下）的墙身和基础不得用多孔砖砌筑，应用实心黏土砖或其他基础材料。

• 为便于建筑设计按标志尺寸绘图，墙厚用模数尺寸表示，例如 DM 模数多孔砖可砌筑构造尺寸如果分别为 90 mm、140 mm、190 mm、240 mm、290 mm，那么按模数尺寸，以上厚度墙分别为 100 mm、150 mm、200 mm、250 mm、300 mm，或用模数为单位，则称以上厚度墙分别为 1M、1.5M、2M、2.5M、3M 厚墙。

• 模数多孔砖剖面图用斜线加小点表示，以区别于普通砖或空心砖。

• 模数多孔砖墙厚度变化级差为半模，设计时应按经济厚度选用。

• 模数多孔砖墙的砌筑用砖应按表 4.17、表 4.18 选用。

• 模数多孔砖外墙厚度的选用应按热工设计进行，初选可参考表 4.18。

表 4.17　模数多孔砖墙砌筑方案

墙厚(mm)		100	150	200	250	300		350		400	
模数		1M	1.5M	2M	2.5M	3M		3.5M		4M	
砖墙砌筑方案	1	DM_4	DM_3	DM_2	DM_1	DM_2	DM_4	DM_1	DM_4	DM_2	DM_4
	2				DM_3	DM_4	DM_3	DM_4	DM_2	DM_3	DM_1	DM_3

注:200 mm 厚内墙也可用 DM_1 砖来砌筑。

表 4.18　模数多孔砖外墙厚度初选参考　　　　　（单位:mm）

模数多孔砖墙厚度	90	140	190	240	290	340	390
热工效率与之相当的普通砖墙厚度	140	220	300	370	450	530	610

注:表中砖墙厚度为构造尺寸。

③ 建筑设计

• 建筑设计在绘制方案图和平、立、剖面图时,应标注标志尺寸,而绘制施工构造详图时则应标注构造尺寸。

• 模数多孔砖砌体应分皮错缝搭砌,上下皮搭砌长一般为 90 mm,个别不得小于 40 mm;砌体灰缝宽 10~20 mm。

• 承重的独立模数多孔砖柱截面尺寸不应小于 290 mm×390 mm。

• 有防火要求的模数多孔砖防火墙、承重墙、楼梯间、电梯井墙、非承重墙等,其厚度不得小于 190 mm。

• 按《民用建筑隔声设计规范》(GB 50118—2010)中住宅分户墙二级隔空气传声 45 dB 的标准,模数多孔砖墙厚度不得小于 190 mm。

• 楼面面层标高应在模数网格线上,面层厚度 h 可能是一个非模尺寸,设计时应保证从圈梁底至楼面面层上皮为整模的倍数。

• 模数多孔砖墙身可预留竖槽(不得临时手工凿打),但不许留水平槽(经结构验算认可者除外)。

• 墙的轴线定位应按具体工程墙身抗震构造选择适当的数值。内墙一般用中轴。当外墙采用板平圈梁(圈梁顶与楼板顶齐平)时,轴线距墙内侧边为 1M(楼板临时入墙 50 mm,板头锚筋与圈梁浇成整体);在内墙厚仅为 240 mm,外墙厚仅为 340 mm 的特殊情况下,可全按 120 mm 定位,但设有不外露构造柱外墙 L 形节点拐角处,柱的外包砖将增添长为 148 mm、178 mm 的两个规格。

• 墙垛、预留洞、埋件要按基本模数或半模数值选用。砖檐出挑构造应为 50 mm×100 mm(普通砖是 60 mm×120 mm),砖线脚厚 90 mm,特殊砖线脚可用厚 40 mm 的配砖砌成。用不同尺寸的主砖和配砖可组砌各种花墙。

• 当选用 250 mm 厚的内墙时,若需保持室内净空标志尺寸为 $n×3M$,应按双轴定位;若不需保持室内净空为 $n×3M$,可按中心轴定位。

④ 结构设计

• 模数多孔砖墙结构设计应满足《砌体结构设计规范》(GB 50003—2011)、《建筑抗震设计规范》(GB 50011—2010)等的有关规定和多孔砖砌体设计与施工规范的有关要求。

• 材料强度等级和砌体主要计算指标。模数多孔砖和砌筑砂浆的强度等级应按下列规定选用:模数多孔砖的强度等级为 MU20,MU15,MU10;砌筑砂浆的强度等级为 M15,M10,M7.5,M5。

龄期为 28 d,以毛截面计算的模数多孔砖砌体抗压强度设计值和抗剪强度设计值,应根据模数多孔砖和砂浆的强度等级分别按表 4.19 和表 4.20 选用。

表 4.19　模数多孔砖砌体的抗压强度设计值 ƒ　　　　(单位:MPa)

砖强度等级	砂浆强度等级				砂浆强度
	M15	M10	M7.5	M5	0
MU20	3.22	2.67	2.39	2.12	0.94
MU15	3.79	2.31	2.07	1.83	0.82
MU10	—	1.99	1.69	1.50	0.67

表 4.20　模数多孔砖砌体的抗剪强度设计值 ƒᵥ　　　　(单位:MPa)

砂浆强度等级	M15	M10	M7.5	M5
抗剪强度	0.22	0.18	0.15	0.12

• 抗震设计的一般规定。模数多孔砖房屋总高度及总层数不宜超过表 4.21 的规定。

表 4.21　模数多孔砖房屋总高度及总层数限值表

最小墙厚(m)	8 度		9 度	
	高度(m)	层数	高度(m)	层数
0.24	18	6	9	3
0.19	15	5	—	—

抗震横墙除应满足抗震承载力验算外,其最大间距应符合表 4.22 的规定。

表 4.22　抗震横墙最大间距　　　　(单位:m)

楼(屋)盖类别	8 度		9 度
	190 mm 厚墙	240 mm 厚墙	240 mm 厚墙
现浇及装配整体钢筋混凝土	12	15	11
装配式钢筋混凝土	8	11	7
木	4	7	4

• 抗震构造措施。一般情况下,模数多孔砖房屋应按表 4.23 的要求设置钢筋混凝土构造柱(以下简称"构造柱")。

表 4.23 构造柱设置要求

房屋层数				设置部位	
6 度	7 度	8 度	9 度		
四、五层	三、四层	二、三层	—	外墙四角、错层部位横墙与外纵墙交替处、大房间内外墙交接处、较大洞口两侧	7,8 度时,楼、电梯间的四角;隔 15m 或单元横墙与外纵墙交接处
六、七层	五层	四层	二层		隔开间横墙(轴线)与外墙交接处,山墙与内纵墙交接处;7～9 度时,楼、电梯间的四角
八层	六、七层	五、六层	三、四层		内墙(轴线)与外墙交接处,内墙的局部较小墙垛处;7～9 度时,楼、电梯间的四角;9 度时内纵墙与横墙(轴线)交接处

构造柱应符合下列规定:

a) 构造柱最小截面为 200 mm×200 mm,纵向钢筋宜采用 4φ12,箍筋间距不宜大于 250 mm,且在圈梁相交的节点处适当加密,加密范围在圈梁上下均不应小于 1/6 层高或450 mm,箍筋间距不宜大于 100 mm。房屋四大角构造柱可适当加大截面及配筋。

b) 8 度时超过 5 层和 9 度时的构造柱,纵向钢筋宜采用 4φ14,箍筋间距不宜大于 200 mm。

c) 构造柱与墙体的连接处宜砌成牙高 200 mm 的马牙槎,并沿墙高每 500 mm 设 2φ6 拉结钢筋,每边伸入墙内不宜小于 1 m,如图 4.41 所示。

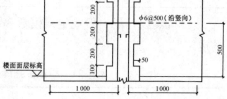

图 4.41 构造柱锚固示意图

d) 构造柱混凝土强度等级不应低于 C20。

e) 构造柱可不单独设置基础,但应伸入室外地面以下 500 mm,或锚入浅于 500 mm 的基础圈梁内。圈梁的截面高度不应小于 200 mm(梁底至板顶面),现浇圈梁的混凝土强度等级不应低于 C20。

模数多孔砖房层的楼、屋盖应符合下列规定:

a) 现浇钢筋混凝土楼、屋面板伸进纵、横墙内的长度均不宜小于 100 mm。

b) 当为板平圈梁时,必须采用留有不小于 120 mm 长锚固钢筋的预应力混凝土多孔板(锚固筋头宜弯成钩),板伸进外墙和内墙的临时长度不应小于 50 mm,且板平圈梁宜采用硬架支模施工与板头现浇成整体。此时板长、开间轴线尺寸减小 90 mm。

c) 当圈梁设在板底时,房屋端部大房间的楼盖,8 度时房屋的屋盖和 9 度时房屋的屋盖,其钢筋混凝土预制板应相互拉结,并应与梁、墙或圈梁拉结。

模数多孔砖墙需做构造加强时可设置水平配筋或水平带,也可在适当位置增设构造柱:

a) 水平配筋、水平带沿层高宜均匀布置。

b) 水平配筋、水平带宜交圈设置,亦可在门窗口处截断,无交圈需要时,钢筋应锚入构造柱内,无构造柱时应伸入与该墙段相交的墙体之内 300 mm。

c) 钢筋直径:水平配筋应≤6 mm,砂浆带应≤8 mm,混凝土带应≤10 mm。

d) 水平配筋应设在≥M5 的砂浆缝中。

e) 砂浆配筋带用≥M5 的砂浆砌筑。砂浆配筋带的高度为 40 mm。

f) 混凝土带的高度为 90 mm、40 mm。

模数多孔砖砌体局部抗压安全度比普通砖砌体略低,故墙内的大梁一般应设梁垫,凡存在局部应力集中的部位,都应进行局部抗压计算和采取相应的构造措施。

⑤ 热工设计

• 模数多孔砖墙体的保温性能应以墙体的热阻来表示。

• 夏季防热和冬季保温的设计要点如下:

a) 建筑物夏季防热应采取环境绿化、自然通风、遮阳和围护结构隔热等综合性措施。

b) 建筑物的总体布置,单体的平、剖面设计和门窗的设置应有利于自然通风,并尽量避免东西向日晒。

c) 向阳面(特别是东西向窗户)应采取有效的遮阳措施,如反射玻璃、反射阳光镀膜、各种固定和活动式遮阳等。在建筑设计中,宜结合外廊、阳台、挑檐等处理达到遮阳的目的。

d) 屋顶和东西外墙内表面温度应满足隔热设计标准的要求。

• 有保温、隔热要求的外墙用砖应选择长条形孔的模数多孔砖。

• 钢筋混凝土构造柱、圈梁不得外露,应用模数砖包起来,隔断"热桥"。

• 门窗口的钢筋混凝土过梁外露高度不得大于 60 mm,并用高效保温材料把过梁内外分开(组合过梁)。

• 模数多孔砖组合砌筑的墙体,宜避免内外两行砖竖向通缝,以延长竖缝"热桥"通道。

• 屋面保温应选用保温、防水性能好的材料,并采用柔性防水卷材,例如防水珍珠岩屋面保温块等。屋面分格缝处应做防水节点,以免防水材料进水。

图 4.42、图 4.43 介绍了多孔黏土砖的主要节点。

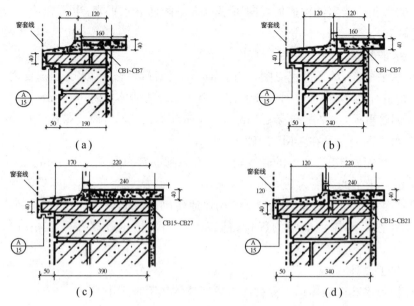

图 4.42　窗台构造

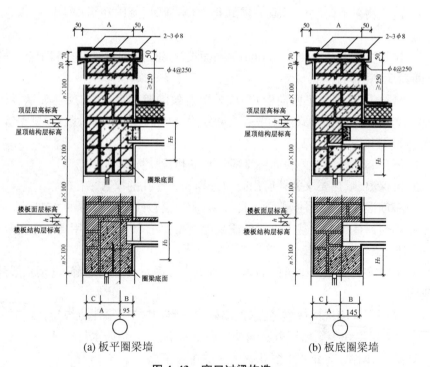

(a) 板平圈梁墙　　　　　　　　　(b) 板底圈梁墙

图 4.43　窗口过梁构造

2）承重混凝土空心小砌块

（1）承重混凝土空心小砌块的保温

墙体的节能技术为采用外保温形式，主要有两种：一是 500～600 级强度为 3～4 MPa 的加气混凝土砌块；二是 250～300 级强度为 1.0～1.5 MPa 的保温砌块（如聚苯水泥板或珍珠岩保温板）。所采用的制品一定是经政府部门核发准产证和准用证的单位生产的制品。

① 加气混凝土砌块外保温做法

· 外墙混凝土小型空心砌块应与加气混凝土保温砌块在砌筑外墙时同时砌筑，不得将保温砌块在主体结构完成后再外贴，加气混凝土保温块应由各层圈梁分层承托。

· 加气混凝土保温砌块应采用 AM-I 或 BJ-I 专用砂浆或其他专用砂浆砌筑，并与混凝土空心砌块贴砌，保温砌块竖缝灰缝的饱满度不得低于 80%，水平缝灰缝的饱满度不得低于 90%。专用砂浆是一种外加剂，在现场配制和搅拌应符合产品说明书中的各项技术要求。

· 根据结构设计拉结的要求，在砌块水平灰缝内每隔 3 皮高度（600 mm）的位置应配置 3φ4 拉结钢筋网片（两根放置在砌块部位，另一根放置在保温块部位），施工时不得漏放，在混凝土空心砌块部位放置的钢筋网片应注意有足够的砂浆保护层。

· 加气混凝土砌块的外表面抹灰应严格按做法表选材及按有关顺序操作。

② 轻质板材（如聚苯水泥板或珍珠岩保温板等）外保温做法

· 外墙混凝土小型空心砌块与保温板之间的连接构造，可以随砌随贴，也可以在主体结构完工后外贴（一般为后贴）。

· 保温板与主体结构的构造原则：一是应由圈梁部位分层承托；二是保温板应用专用砂浆与混凝土空心砌块墙粘贴（粘贴为点粘，点粘上下间距约 150～200 mm）；三是每隔三皮混凝土空心小砌块高度，应在与保温板水平灰缝一致的灰缝内放 3φ4 钢筋拉结（分布筋为 φ4 中距 300 mm，拐角处为 φ4 中距 200 mm，如保温板后贴，墙外应露出 φ4 中距 300 mm 的分布筋，纵向放一根 φ4 钢筋），在混凝土空心砌块部位的钢筋应注意有足够的砂浆保护层。

· 保温板外饰面做法。先做基层处理，用 EC 胶涂刷板表面，然后用 EC-1 型胶满贴涂敷玻璃丝网格布一层（规则为 150 g/m²），并抹 3～5 mm 厚的 EC 聚合物砂浆刮平，之后再粘贴玻璃丝网格布一层，表面抹 EC 聚合物砂浆。

在完成基层处理后，外饰面的具体做法可由设计人选定。

（2）承重混凝土空心小砌块的排列组合

砌块的排块组合主要由三部分组成：

① 各种开间的窗下墙排块（内承重墙的原则类似）。

② 2.70 m 和 2.80 m 两种层高的剖面排块。

③ 窗间墙及阴阳角排块。这两部分的排块是根据各种开间、进深尺寸及可能出现的各种门窗尺寸进行排列组合，所得各种尺寸基本上能满足设计要求。

经排列组合，在多层住宅建筑中混凝土小型空心砌块最多有六种规格基本能满足外墙及承重墙的使用要求，即（单位均为 mm）：590×190×190，390×190×190，290×190×190，190×190×190，140×190×190，90×190×190，其中 590×190×190 均用于内外墙"丁"字形节点、"L"字形节点及"十"字形节点，大部分为标准砌块 390×190×190。如设计经周密考虑，140×190×190 规格可以避免。

（3）承重空心小砌块的结构构造与建筑构造

① 结构构造（见图 4.44）

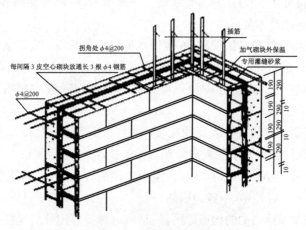

图 4.44 插筋与拉结筋

② 建筑构造

一般墙体的建筑构造见图 4.45，阳台雨罩的墙体构造见图 4.46。

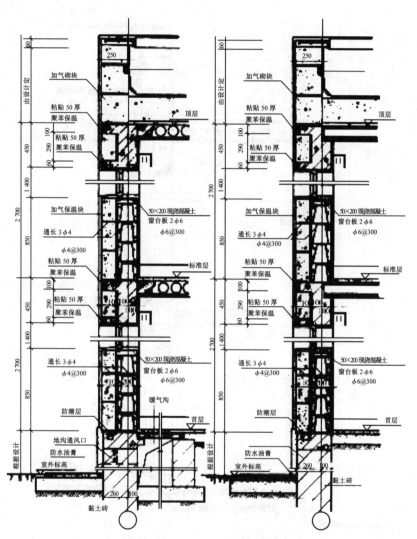

图 4.45 一般墙体的建筑构造

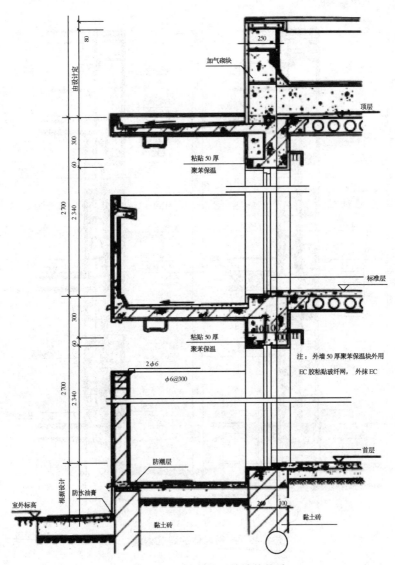

图 4.46　阳台雨罩的墙体构造

复习思考题

1. 简述墙体是如何进行分类的。
2. 确定砖墙厚度的因素是什么？常见的几种墙体厚度有哪些？
3. 常见的墙体的砌合方法有哪几种？
4. 墙体设计应满足哪些要求？
5. 建筑物外墙内保温有哪些措施？
6. 建筑物围护结构的外保温构造如何？
7. 简述砖墙中应加设哪些抗震措施。
8. 了解墙体的隔声和热工性能。
9. 墙身的细部做法如何？
10. 常用的隔墙有几种做法？
11. 墙身的装修做法有哪些？
12. 其他材料的墙体构造如何？

5 楼板和地面构造

5.1 楼板的类型及要求

1) 楼板的种类

按使用材料的不同,楼板主要有以下几种类型(见图 5.1):

(1) 钢筋混凝土楼板

钢筋混凝土楼板采用混凝土与钢筋共同制作。这种楼板坚固,耐久,刚度大,强度高,防火性能好,当前应用比较普遍。钢筋混凝土楼板按施工方法又可以分为现浇钢筋混凝土楼板和装配式钢筋混凝土楼板两大类。

现浇钢筋混凝土楼板一般为实心板,经常与现浇梁一起浇筑,形成现浇梁板。现浇梁板常见的类型有肋形楼板、井字梁楼板和无梁楼板等。装配式钢筋混凝土楼板,除极少数为实心板以外,绝大部分采用圆孔板和槽形板(分为正槽形与反槽形两种)。装配式钢筋混凝土楼板一般在板端都伸有钢筋,现场拼装后用混凝土灌缝,以加强整体性。

(2) 砖拱楼板

这种楼板采用钢筋混凝土倒 T 形梁密排,其间填以普通黏土砖或特制的拱壳砖砌筑成拱形,故称为砖拱楼板。这种楼板虽比钢筋混凝土楼板节省钢筋和水泥,但是自重大,作楼地面时使用材料多,并且顶棚成弧拱形,一般应作吊顶棚,故造价偏高。此外,砖拱楼板的抗震性能较差,故在要求进行抗震设防的地区不宜采用。

(3) 木楼板

木楼板由木梁和木地板组成。这种楼板的构造虽然简单,自重也较轻,但防火性能不好,不耐腐蚀,又由于木材昂贵,故一般工程中应用较少,当前只应用于等级较高的建筑中。

(4) 组合楼板

这种楼板是利用压型楼板作为楼板的底模板,其上浇混凝土面层形成的楼板。实质上压型钢板不仅当做底模板,又当做楼板下部的钢筋之用。这样,既提高了楼板的强度与刚度,又加快了施工的进度,省去了底模板,是目前大力推广应用的一种新型楼板。

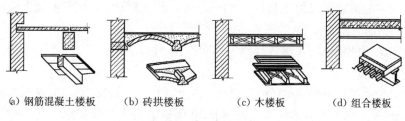

(a) 钢筋混凝土楼板　　(b) 砖拱楼板　　(c) 木楼板　　(d) 组合楼板

图 5.1　楼板的类型

2) 楼板的设计要求

楼板是房屋的水平承重结构,它的主要作用是承受人、家具等荷载,并把这些荷载和自重传给承重墙。楼板和地面应满足以下要求:

(1) 坚固要求

楼板和地面均应有足够的强度,能够承受自重和不同要求下的荷载;同时,要求具有一定的刚度,即在荷载作用下挠度变形不超过规定数值。

(2) 隔声要求

楼板的隔声包括隔绝空气传声和固体传声两个方面,楼板的隔声量一般应在40～50 dB。空气传声的隔绝可以采用将构件做成空心,并通过铺垫陶粒、焦渣等材料来达到。隔绝固体传声应通过减少对楼板的撞击来达到。在地面上铺设橡胶、地毯可以减少一些冲击量,达到满意的隔声效果。

(3) 经济要求

一般楼板和地面约占建筑物总造价的 20%～30%,选用楼板时应考虑就地取材和提高装配化程度。

(4) 热工和防火要求

一般楼板和地面应有一定的蓄热性,即地面应有舒适的使用感觉。防火要求应符合防火规范中耐火极限的规定。

5.2　现浇整体式钢筋混凝土楼板

现浇钢筋混凝土楼板包括现浇楼板与现浇梁板两大部分。为了掌握现浇钢筋混凝土楼板的构造特点,应该对有关钢筋混凝土的基本知识有必要的了解。

1) 有关钢筋混凝土的基本知识

(1) 混凝土

常用的混凝土强度等级有 C7.5,C10,C15,C20,C25,C30,C35,C40,C45,C50,C55,C60 等 12 种。其中 C7.5,C10 常用于垫层或非受力部位;C15,C20,C25

主要用于一般的钢筋混凝土构件;C30～C60 主要用于预应力钢筋混凝土构件。

（2）钢筋

目前常用的钢筋有Ⅰ级～Ⅳ级钢筋和冷拉、冷拔钢丝。

（3）钢筋直径

钢筋的直径以 mm 为单位,其规格有 6,8,10,12,14,16,18,19,20,22,25,28,32,36,40 等。其中Ⅰ级钢筋为光圆钢筋,Ⅱ级钢筋为人字纹钢筋。选用时可以从表面形状进行鉴别。

（4）钢筋保护层

钢筋混凝土构件中的钢筋不能外露,以防锈蚀。钢筋外表的混凝土面层叫保护层。各种构件的保护层是:

墙和板:截面高(厚)度 $h \leqslant 100$ mm 时,取 10 mm;$h > 100$ mm 时,取 15 mm。

梁和柱:取 20～25 mm。

基础(有垫层时):取 35 mm;

（无垫层时）:取 70 mm。

（5）钢筋弯钩

为保证钢筋和混凝土能共同工作,在Ⅰ级钢筋所在的部位为受力钢筋时,钢筋端部应加弯钩,以加强钢筋与混凝土的锚固作用,防止脱落。

常见的钢筋弯钩有 90°,135°,180°三种。其中弯钩的加长量为:90°为构件厚度减去上下保护层的尺寸;135°用于非地震区为 $3d$,用于地震区为 $10d$;180°为 6.25d（d 为钢筋直径）。180°的加长量为:

$\phi6$	40 mm	$\phi8$	50 mm
$\phi10$	60 mm	$\phi12$	75 mm
$\phi14$	90 mm	$\phi16$	100 mm
$\phi18$	113 mm	$\phi19$	120 mm
$\phi20$	125 mm	$\phi22$	140 mm
$\phi25$	160 mm	$\phi28$	175 mm
$\phi32$	200 mm	$\phi36$	225 mm
$\phi40$	250 mm		

弯起钢筋的斜线长度为:

厚度在 190 mm 以下时,弯起角度为 30°,其数值为 2 倍的板的有效高度。

厚度在 200～950 mm 时,弯起角度为 45°,其数值为 1.414 倍有效梁高。

厚度在 1 000～1 500 mm 时,弯起角度为 60°,其数值为 1.154 倍有效梁高。

（6）钢筋接头和锚固长度

钢筋的长度不能满足构件要求时，可以进行对焊；若条件不具备时，可以进行拼接。拼接时，应保证最小搭接长度（最小搭接长度用 L_d 表示）。最小搭接长度如下（d 为钢筋直径）：

Ⅰ级钢筋　　　　　　受拉区 $30d$　　　　　受压区 $20d$

Ⅱ级钢筋　　　　　　受拉区 $35d$　　　　　受压区 $25d$

Ⅲ级钢筋　　　　　　受拉区 $40d$　　　　　受压区 $30d$

受力钢筋伸入支座应满足一定的长度，该长度叫锚固长度。锚固长度 $L_m = L_d - 5d$。

2）现浇楼板

现浇楼板包括四面支承的单向板、双向板，单面支承的悬臂板等。

（1）单向板

单向板的平面比例为 $L_2/L_1 > 2$，受力以后，传给长边的力占 1/8，传给短边的力占 7/8，故认为这种板受力以后仅向短边传递。

单向板的代号见图 5.2，其中 B_1 代表板，80 代表板厚为 80 mm。现浇板的厚度为跨度的 1/35～1/40，而且不小于 60 mm（图 5.2）。单向板在墙上的支承长度为 120 mm。 单向板的配筋如图 5.3 所示。板中包括受力主筋、分布钢筋和支座钢筋三个部分。布置方式有弓起式和分离式两种。

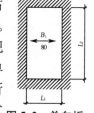

图 5.2　单向板

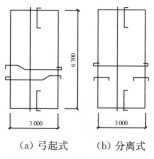

（a）弓起式　（b）分离式

图 5.3　单向板配筋

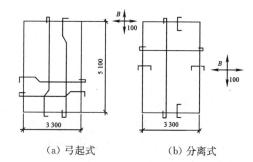

（a）弓起式　　　　（b）分离式

图 5.4　双向板及配筋

（2）双向板

双向板的平面比例为 $L_2/L_1 \leqslant 2$，受力后向两个方向传递，短边受力大，长边受力小，受力主筋应平行于短边，并摆在下部。双向板的代号见图 5.4，B 代表板，100 代表厚度为 100 mm，双向箭头表示双向板。板厚的确定原则同单向板。双向板在墙上的支承长度同单向板。

（3）悬臂板

悬臂板主要用于雨罩、阳台等部位。悬臂板只有一端支承,因而受力钢筋应摆在板的上部。板厚为挑出尺寸的1/12,且根部不小于70 mm。悬臂板的钢筋摆放见图5.5。悬臂板可以采用梁、板来做平衡构件,并与悬挑板同时浇筑。

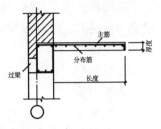

图5.5 悬臂板

3）现浇梁板

现浇梁板包括单向梁（简支梁）、双向梁（主次梁）、井字梁等类型。

（1）单向梁

梁高一般为跨度的 $1/10\sim1/12$,板厚包括在梁高之内,梁宽取梁高的 $1/2\sim1/3$,单向梁的经济跨度为 $4\sim6$ m。

（2）双向梁

又称肋形楼盖,其构造顺序为板支承在次梁上,次梁支承在主梁上,主梁支承在墙上或柱上。次梁的梁高为跨度的 $1/10\sim1/15$,主梁的梁高为跨度的 $1/8\sim1/12$,梁宽为梁高的 $1/2\sim1/3$。主梁的经济跨度为 $5\sim8$ m。主梁或次梁在墙或柱上的搭接尺寸应不小于240 mm。梁高包括板厚（图5.6）。

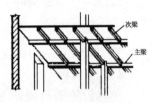

图5.6 双向梁楼盖

（3）井字梁

这是肋形楼盖的一种,其主梁、次梁高度相同,一般用于正方形或接近正方形的平面中。板厚包括在梁高之中（图5.7）。

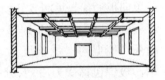

图5.7 井字梁楼盖

（4）简支梁的配筋构造

断面尺寸为 200 mm×400 mm,梁长为 4 740 mm,伸入墙内（支座）每侧为240 mm。其中①号筋为受力主筋,钢筋规格为 $2\phi22$;②号筋为弯起钢筋,规格为 $1\phi25$;③号筋为架立筋,规格为 $2\phi10$;④号筋为箍筋,钢筋为 $\phi6$,间距为 200 mm。（表5.1）

（5）柱子的配筋构造

钢筋混凝土柱子由竖向的受力钢筋和箍筋构成,柱子的主筋为受压钢筋（图5.8）。

图5.8 柱子配筋

表 5.1　配筋表　　　　　　　　　　　　　　　（单位:mm)

编号	直径	数量	形状	长度	备注
①	$\phi22$	2	140　　　　　140　　4 700	4 980	
②	$\phi25$	1	270　　　　270　509　509　160　160　3 440	5 318	
③	$\phi10$	2	4 700	4 700	
④	$\phi6$	20	60 60　360　160　160　360	1 160	

注:保护层取 20 mm。

5.3　预制钢筋混凝土楼板

预制钢筋混凝土楼板分为普通钢筋混凝土楼板和预应力钢筋混凝土楼板两大类。

1) 预应力的概念

混凝土的抗压能力很强,但抗拉能力很弱,经实验可知,抗拉强度仅为抗压强度的 1/10。在混凝土构件中加钢筋可以提高抗拉能力。取一根梁为例,受力以后我们可以发现梁的上部受压、下部受拉。由于混凝土的抗拉能力低,故容易在梁的下部产生裂缝,因而在梁、板等构件中,钢筋应加在受拉部位。

使构件下部的混凝土预先受压的预应力叫预压应力。混凝土的预压应力是通过张拉钢筋实现的。钢筋的张拉有先张和后张两种工艺。先张法是先张拉钢筋、后浇筑混凝土,待混凝土有一定强度以后切断钢筋,使回缩的钢筋对混凝土产生压力(图 5.9);后张法是先浇筑混凝土,在混凝土的预留孔洞中穿放钢筋,再张拉钢筋并锚固在构件上,由于钢筋收缩对混凝土产生压力,使混凝土受压(图 5.10)。采用预应力钢筋混凝土可以延缓混凝土的过早开裂,增强构件的寿命。小型构件一般采用先张法,并多在加工厂中进行。大型构件一般采用后张法,多在施工现场进行。

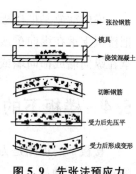

图 5.9　先张法预应力

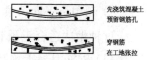

图 5.10　后张法预应力

2) 预制楼板的类型

目前,我国普遍采用预应力钢筋混凝土构件,少量地区采用普通钢筋混凝土构件。楼板大多预制成空心构件或槽形构件。空心楼板又分为方孔和圆孔两种;槽形板又分为槽口向上的正槽形和槽口向下的反槽形。楼板的厚度与楼板的长度有关,但大多在 120～240 mm,楼板宽度有 600 mm、900 mm、1 200 mm 等多种规格。楼板的长度应符合 300 mm 模数的"三模制"。图 5.11 表示了几种预制板的剖面。

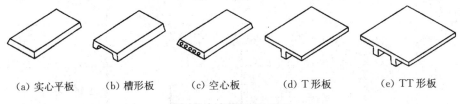

(a) 实心平板　　(b) 槽形板　　(c) 空心板　　(d) T 形板　　(e) TT 形板

图 5.11　预制板的类型

3) 预制楼板的摆放

预制楼板在墙上或梁上的摆放,根据方向的不同,有横向摆放、纵向摆放、纵横向摆放三种方式(图 5.12)。

(a) 横向摆放　　　　(b) 纵向摆放　　　　(c) 纵横向摆放

图 5.12　预制楼板的摆放

横向摆放是把楼板支承在横向墙上或梁上,这种摆放叫横墙承重;纵向摆放是把楼板支承在纵向梁或纵向墙上,这种摆放叫纵墙承重;纵横向摆放是楼板分别支承在纵向墙或横向墙或梁上,这叫混合承重。

5.4　楼板下的顶棚构造

楼板下的顶棚是为了保证房间清洁整齐、增强隔声效果。做法有许多种,常用的有以下几种:

1) 预制板下表面喷浆

这种做法适合于预制楼板板底较为平整者,其做法是:

(1) 钢筋混凝土预制板勾缝(1∶0.3∶3 水泥白灰膏砂浆打底,纸筋灰略掺水泥罩面,浅缝一次成活)。

（2）板底腻子刮平。

（3）喷大白浆、可赛银或耐擦洗涂料。

2）现制混凝土板抹灰

其做法是：

（1）钢筋混凝土现制板底用水加 10％火碱清洗油腻。

（2）刷素水泥浆一道（内掺水重 3％～5％的 107 胶）。

（3）6 mm 厚 1：3：9 水泥白灰膏砂浆打底。

（4）2 mm 厚纸筋灰罩面。

（5）喷大白浆、可赛银或耐擦洗涂料。

3）吊顶棚

吊顶棚的做法大多出于封闭管线、灯光照明、艺术造型的需要。吊顶棚的种类很多，下面介绍一些常用做法（以 88J1-1《工程做法》为准）。

（1）板条吊顶抹灰

① 钢筋混凝土板预留 $\phi6$ 钢筋，中距 900～1 200 mm。用 8 号镀锌铅丝吊挂 50 mm×70 mm 大龙骨。

② 安装 50 mm×50 mm 小龙骨，中距 450 mm，找平后用 50 mm×50 mm 方木吊挂钉牢，再用 12 号镀锌铅丝隔一道绑一道。

③ 离缝 7～10 mm 钉木板条，端头离缝 5 mm。

④ 3 mm 厚麻刀灰掺 10％水泥打底。

⑤ 1：2.5 白灰膏砂浆挤入底灰中。

⑥ 抹 5 mm 厚 1：2.5 白灰膏砂浆。

⑦ 2 mm 厚纸筋灰罩面。

⑧ 喷顶棚涂料（图 5.13）。

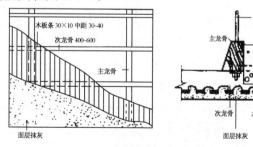

图 5.13　板条吊顶

（2）苇箔吊顶抹灰

① 钢筋混凝土楼板预留 $\phi6$ 钢筋，中距 900～1 200 mm，用 8 号镀锌铅丝吊挂

50 mm×70 mm 大龙骨。

② 安装 50 mm×50 mm 小龙骨,中距 450 mm,找平后用 50 mm×50 mm 方木吊挂钉牢,再用 12 号镀锌铅丝隔一道绑一道。

③ 苇箔吊顶。

④ 3 mm 厚麻刀灰打底。

⑤ 1∶2.5 白灰膏砂浆挤入底灰中。

⑥ 抹 5 mm 厚 1∶2.5 白灰膏砂浆。

⑦ 2 mm 厚纸筋灰罩面。

⑧ 喷大白浆(图 5.14)。

(3) 木丝板吊顶

① 钢筋混凝土楼板预留 $\phi6$ 钢筋,中距 800～1 200 mm,用 8 号镀锌铁丝吊挂 50 mm×70 mm 大龙骨。

② 安装 50 mm×50 mm 小龙骨(底面刨光),中距 450 mm,找平后用 50 mm×50 mm 方木吊挂钉牢,再用 12 号镀锌铁丝隔一道绑一道。

③ 钉 25 mm 木丝板,喷大白浆(图 5.15)。

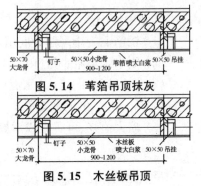

图 5.14　苇箔吊顶抹灰

图 5.15　木丝板吊顶

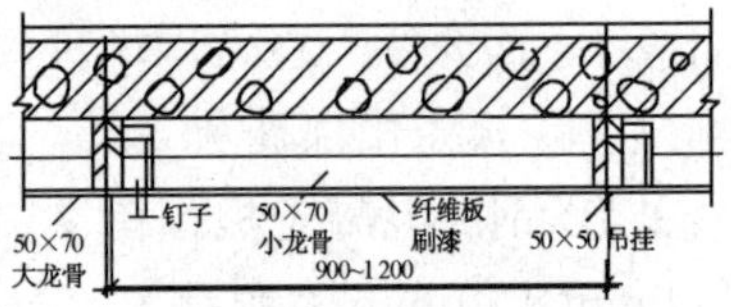

图 5.16　纤维板吊顶

(4) 纤维板吊顶

① 钢筋混凝土板预留 $\phi6$ 钢筋,中距 900～1 200 mm,用 8 号镀锌铁丝吊挂 50 mm×70 mm 大龙骨。

② 安装 50 mm×70 mm 小龙骨,中距 4.50 mm,找平后用 50 mm×50 mm 方木吊挂钉牢,再用 12 号镀锌铁丝隔一道绑一道。

③ 钉 3.5 mm 厚纤维板。

④ 刷无光油漆(图 5.16)。

(5) 轻钢龙骨纸面石膏大板吊顶

① 钢筋混凝土板预留 $\phi6$ 铁环。

② $\phi6$ 吊杆,双向吊点(吊点 900～1 200 mm 一个)。

③ 安装 [形大龙骨,50 mm×15 mm×1.2 mm,吊点附吊挂,中距＜1 200 mm。

④ 安装凹形中龙骨,50 mm×19 mm×0.5 mm,中距等于板材宽度。

⑤ 安装凹形小龙骨,25 mm×19 mm×0.5 mm,中距为 1 m 或板材宽度。

⑥ 安装 9～12 mm 纸面石膏板,自攻螺丝拧牢。

⑦ 表面刮腻子找平。

⑧ 喷大白浆(图 5.17)。

在选用顶棚的做法时应注意以下问题:

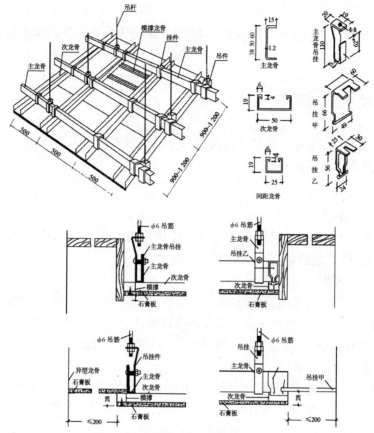

图 5.17　轻钢龙骨纸面石膏大板吊顶

① 高大厅堂和管线较多的吊顶内应留有检修空间,并按需要部位铺设走道板和便于进入吊顶的入孔。

② 当吊顶内管线较多而空间有限不能进入检修时,可采用便于拆卸的装配式吊顶板或至少应按需要部位设置检修孔。

③ 一般工程应尽量少做吊顶,以简化建筑构造,节约投资。

④ 潮湿房间的顶棚应采用防水材料。钢筋混凝土顶板宜采用现制板,还应适当增加钢筋的保护层厚度,以免日久锈蚀。

⑤ 顶棚抹灰施工比较困难,尤其是预制板底抹灰,应尽量少做,可采取清水混凝土板,表面刮浆、喷涂等做法。

⑥ 吊顶内的上下水管道应做保温隔气处理(设备专业),防止产生凝结水。

⑦ 吊顶设计应先行,各专业密切配合,避免各种设备和线路打架,吊顶平面图应确切表明灯具、自动喷洒器、烟感温感器、扬声器、空调风口、电扇等的位置。

⑧ 吊顶上装排风机时,应将排风管直接接排风竖管,潮湿气体不应经过吊顶

内部空间。

⑨ 一般装修不宜采用石棉制品（如石棉水泥板等），重要装修和涉外工程装修则不应采用。

5.5 地面的构造

地面包括底层地面与楼层地面两大部分。地面属于建筑装修的一部分，各类建筑对地面的要求不尽相同。

1）对地面的要求

（1）坚固耐久

地面直接与人接触，家具、设备也大多都摆放在地面上，因而地面必须耐磨，行走时不起尘土、不起砂，并有足够的强度。

（2）减小吸热

由于人们直接与地面接触，地面则直接吸走人体的热量，为此应选用吸热系数小的材料作地面面层，或在地面上铺设辅助材料，以减少地面的吸热。如采用木材或其他有机材料（塑料地板等）作地面面层，比一般水泥地面的效果要好得多。

（3）满足隔声要求

隔声要求主要在楼地面。楼层上下的噪声一般通过空气传播或固体传播，而其中固体噪声是主要的隔除对象，其方法取决于楼地面垫层材料的厚度与材料的类型。北京地区大多采用 1∶6 水泥焦渣垫层，厚度为 50～90 mm（其代用材料为 1∶6 水泥陶粒）。

（4）防水要求

用水较多的厕所、盥洗室、浴室、实验室等房间，应满足防水要求。一般应选用现浇钢筋混凝土楼板和密实不透水的面层材料，并适当做排水坡度。在楼地面的垫层上部有时还应做防水层。

（5）经济要求

地面在满足使用要求的前提下，应选择经济的构造方案，尽量就地取材，以降低整个房屋的造价。

2）楼地面的种类

楼地面一般由面层、填充层和结构层组成。结构层是指楼板，填充层为中间层，面层做法很多。

面层根据材料的不同，分为整体地面（如水泥地面、水磨石地面、菱苦土地面等）、块状材料地面（如陶瓷锦砖地面、预制水磨石地面、铺地砖地面等）以及木地板三类。

水泥砂浆楼面的面层常用 1∶2.5 的水泥砂浆。如果水泥用量太多,则干缩大;如果水泥用量过少,则强度低,容量起砂。

水磨石楼面是用水泥与中等硬度的石屑(大理石、白云石)按 1∶1.5～1∶2.5 的比例配合而成,抹在垫层上并在结硬以后用人工或机械磨光,表面打蜡。

细石混凝土楼面是用颗粒较小的石子,按水泥∶砂∶小石子=1∶2∶4 的配比拌和浇制、抹平、压实而成。

菱苦土楼面是以菱苦土、氯化镁溶液、木屑、滑石粉及矿物颜料等配制而成。为增加面层的弹性,菱苦土和木屑之比可用 1∶2,其下层则可用 1∶4。

陶瓷锦砖楼面是铺贴小块的陶瓷锦砖,俗称马赛克。一般均把这种小瓷砖预先贴在牛皮纸上,施工时在刚性填充层上做找平层,用水泥砂浆或特制胶如 903 胶等粘贴。这种楼面质地坚实、光滑、平整、不透水、耐腐蚀,一般在厕所、浴室应用较多。

铺地砖楼面是用一种较大块的釉面砖(又称通体砖)铺设。这种砖强度高、平整、耐磨、耐水、耐腐蚀,常用水泥砂浆把它铺贴在地面的找平层上,亦可采用特制胶粘贴。

预制水磨石楼面是用 400 mm×400 mm×25 mm 的水磨石预制板,用 1∶3 水泥砂浆铺贴在地面填充层上。

3) 楼地面的构造要点

由于地面构造与施工工艺密切相关,这里只谈一谈构造要点及应注意的问题,具体构造做法可查阅各地的工程做法手册。

(1) 整体楼地面

包括水泥砂浆、水磨石、菱苦土等做法。整体楼地面的填充层大多采用 50～90 mm 厚的 1∶6 水泥焦渣,一般不用混凝土。这样做的好处是可以减轻传给楼板的荷载,而且隔声效果较好。

整体楼地面的面层,一般应注意分格(分仓),其尺寸为 500～1 000 mm 不等。水泥砂浆面层可直接分格,水磨石面层可采用玻璃条、铜条、铝条进行分格,菱苦土面层可采用木条分格。面层分格的好处是保证均匀开裂。

水泥砂浆地面有双层和单层构造之分。双层做法分为面层和底层,在构造上常以 15～20 mm 厚 1∶3 水泥砂浆打底、找平,再以 5～10 mm 厚 1∶2 或 1∶1.5 水泥砂浆抹面(图 5.18)。分层构造虽然增加了施工程序,却容易保证质量,减少表面干缩时产生裂纹的可能。单

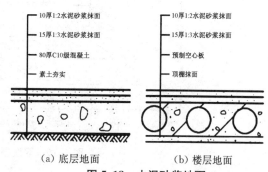

(a) 底层地面　　　(b) 楼层地面

图 5.18　水泥砂浆地面

层构造的做法是先在结构层上抹水泥砂浆结合层一道,再抹 15～20 mm 厚 1：2.5 的水泥砂浆一道。

(2) 块料楼地面

包括铺地砖、马赛克等做法。块料楼地面的填充层也多采用 1：6 水泥焦渣制作。

块料楼地面的面层,若为大块时(如预制水磨石板、铺地砖等)可直接采用不小于 20 mm 厚的 1：4 干硬性水泥砂浆粘接;若为小块时(如马赛克等)应先将面层材料拼接并粘贴于牛皮纸上,施工时将贴有小块面砖的牛皮纸的背面粘于水泥砂浆结合层上,然后揭去牛皮纸,形成面层。

(3) 铺贴楼地面

包括塑料地板、地毯等做法。铺贴楼地面的面层材料多为有机材料,如塑料地板等。

铺贴楼地面的填充层多为混凝土面,经刮腻子找平后才可铺贴。铺贴楼地面的用胶多为各类合成树脂胶,如 XY－401 胶等。

(4) 木楼面

包括条木地板、拼花地板等做法。木楼面的构造做法分为单层长条硬木楼地面和双层硬木楼地面两种,均属于实铺式。

下面以双层硬木楼地面做法为例,介绍其构造做法。

在钢筋混凝土楼板中伸出 $\phi6$ 钢筋,绑扎 Ω 形 $\phi6$ 铁鼻子,400 mm 中距,将 70 mm×50 mm 的木龙骨用两根 10 号铅丝绑于 Ω 形铁件上。在垂直于木龙骨的方向上钉放 50 mm×50 mm 的支撑。中距 800 mm,其间填 40 mm 厚的干焦渣隔音层。上铺 22 mm 厚的松木毛地板,铺设方向为 45°,上铺油毡纸一层,表面铺 50 mm×20 mm 硬木企口长条或席纹、人字纹拼花地板,并烫硬蜡。双层硬木楼地面的做法如图 5.19 所示。

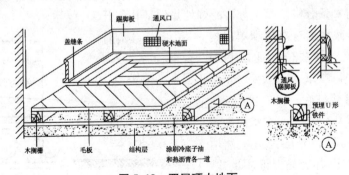

图 5.19 双层硬木地面

4）底层地面构造要点

底层地面由面层、垫层和基层三部分组成。当面层为块状材料时，还需另设结合层。垫层材料及厚度以表5.2为准。

表5.2　底层地面垫层的最小厚度

垫层材料	最小厚度（mm）
砂、炉渣	60
碎石、卵石、矿渣	80
灰土、碎砖三合土，夯实黏土	100
混凝土	50

底层地面除满足楼地面的几项要求外，应特别注意防潮问题。

底层地面亦分为整体面层、块料面层、铺贴面层和底层木地面等几种做法。

底层地面的基层一般均为素土夯实及3∶7灰土（南方地区可采用三合土），100 mm厚。底层地面的垫层多采用C15混凝土，厚度为50 mm。底层地面的面层做法，除底层木地面外，均同于楼地面的做法。

底层木地面分为空铺与实铺两类做法。

（1）空铺木地面

在素土夯实的地面上打150 mm厚的3∶7灰土（上皮标高不低于室外地坪），用M5的砂浆砌筑120 mm或240 mm厚的地垄墙，中距4 m。地垄墙顶部用20 mm厚的1∶3水泥砂浆找平层，并拴100 mm×50 mm厚的压沿木（用8号铅丝绑扎）。压沿木上钉50 mm×70 mm的木龙骨，中距400 mm，在垂直于龙骨的方向钉50 mm×50 mm的横撑，中距800 mm。其上钉50 mm×20 mm的硬木企口长条地板或席纹、人字纹拼花地板，表面烫硬蜡（图5.20）。

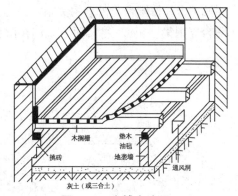

图5.20　空铺木地面

空铺木地面应注意通风、防鼠等构造措施。

（2）实铺木地面

实铺木地面指的是没有地垄墙的做法，其构造要点是：在素土夯实的地面上打100 mm厚的3∶7灰土（上皮标高与管沟盖板相平），在灰土上打40 mm厚的豆石混凝土找平层，上刷冷底子油一道，随后铺一毡二油。在一毡二油上打60 mm厚的C15混凝土基层，并安装 $\phi6$ Ω形铁鼻子，中距400 mm，在木龙骨间加50 mm×

70 mm 的木龙骨,拴于 Ω 形铁件上(架空 20 mm,用木垫块垫起),中距 400 mm,在木龙骨间加 50 mm×50 mm 的横撑,中距 800 mm。上钉 22 mm 厚的松木毛地板,45°斜铺,上铺油毡纸一层。毛地板上钉接 50 mm×20 mm 的硬木长条或席纹、人字纹拼花地板,表面烫硬蜡(图 5.21)。

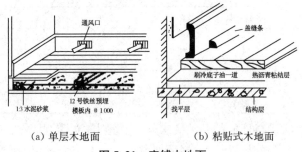

(a)单层木地面　　　　　　(b)粘贴式木地面

图 5.21　实铺木地面

5.6　阳台和雨罩构造

1)阳台

阳台是楼房中挑出于外墙面或部分挑出于外墙面的平台。前者叫挑阳台,后者叫凹阳台。按阳台与外墙的关系,可分为凸阳台、半凸半凹阳台和凹阳台(图 5.21)。阳台周围设栏板或栏杆,便于人们在阳台上休息或存放杂物。

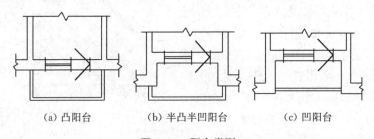

(a)凸阳台　　　　　(b)半凸半凹阳台　　　　　(c)凹阳台

图 5.22　阳台类型

阳台的挑出长度为 1.5 m 左右。当挑出长度超过 1.5 m 时,应做凹阳台或采取可靠的防倾覆措施。阳台的栏杆或栏板的高度常取 1 050 mm(图 5.23)。

阳台通常用钢筋混凝土制作,它分为现浇和预制两种。现浇阳台要注意钢筋的摆放,注意区分是悬挑构件还是一般梁板式构件,并注意锚固。预制阳台一般均做成槽形板。支撑在墙上的尺寸应为 100~120 mm。目前北京市通用的阳台构件如表 5.3 所示。

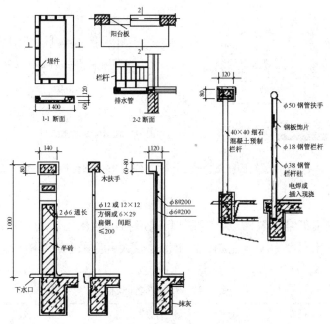

图 5.23　阳台栏杆、栏板

表 5.3　阳台板规格　　　　　　　　　　　　　　　　　　　　（单位:mm）

构件号	长度	宽度	厚度	备注
YD24	2 380	1 260	190	
YD27	2 680	1 260	190	
YD30	2 980	1 260	190	各种构件挑出尺寸一律为 1 160;压墙尺寸为 100
YD33	3 280	1 260	190	
YD36	3 580	1 260	190	
YD39	3 880	1 260	190	

　　预制阳台的锚固应通过现浇板缝或用板缝梁来进行连接。图 5.24 和图 5.25 介绍了这两种做法。

　　阳台板上面应预留排水孔,其直径应不小于 32 mm,伸出阳台外应有 80～100 mm,排水坡度为 1‰～2‰。板底面抹灰,喷白浆。

　　由于阳台外露,防止雨水通过阳台泛入室内,设计中应将阳台地面标高低于室内地面 30 mm 至 50 mm,地面用水泥砂浆做出排水坡道,将水导入排水管,孔内埋设镀锌钢管或者塑料管。

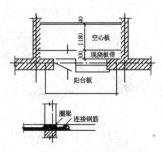

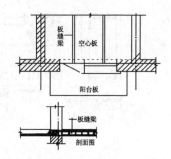

图 5.24　阳台板锚固做法(一)　　　图 5.25　阳台板锚固做法(二)

2)雨罩

在外门的上部常设置雨罩,它可以起遮风挡雨的作用,保护外门免受雨水侵害。雨罩的挑出长度为 1 m 左右。挑出尺寸较大者应采取防倾覆措施。雨罩板构件规格见表5.4。

表 5.4　雨罩板构件规格　　　　　　　　　(单位:mm)

构件号	长度	宽度	厚度	备注
YZ24	2 380	1 260	190	
YZ27	2 680	1 260	190	
YZ30	2 980	1 260	190	各种构件挑出尺寸一律为1 160;压墙尺寸为100
YZ33	3 280	1 260	190	
YZ36	3 580	1 260	190	
YZ39	3 880	1 260	190	

钢筋混凝土雨罩也分现浇(图 5.26)和预制(图 5.27)两种。现浇雨罩可以浇筑成平板式或槽形板式,而预制雨罩则多为槽形板式。雨罩的排水做法与阳台相同。

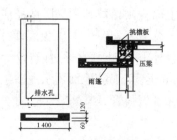

图 5.26　现浇雨罩　　　　　　　　图 5.27　预制雨罩

复习思考题

1. 楼板的分类如何？要求是什么？
2. 现浇钢筋混凝土楼板的构造方式有哪些？
3. 什么是预应力？
4. 预制钢筋混凝土楼板有哪几种类型？
5. 顶棚构造与做法如何？应注意哪些问题？
6. 对地面要求是什么？如何分类？
7. 底层地面与楼地面在构造上有何不同之处？
8. 楼地面组成及各部分要求是什么？
9. 阳台的种类及构造做法如何？
10. 常用雨罩形式及构造做法如何？

6 屋顶构造

6.1 屋顶的作用、要求及类型

1）屋顶的作用与要求

屋顶是建筑物最上层起覆盖作用的外围护构件，用以抵抗雨雪、日晒等自然因素的影响。屋顶由面层和承重结构两部分组成，它应该满足以下几点要求：

（1）承重要求

屋顶应能够承受积雪、积灰、雨、自重和上人所产生的荷载并顺利地将这些荷载传递给墙柱。

（2）保温要求

屋顶面层是建筑物最上部的围护结构。它应具有一定的热阻能力，以防止热量从屋面过多散失。

（3）防水要求

屋顶积水（积雪）以后，应很快地排除，以防渗漏。屋面在处理防水问题时，应兼顾"导"和"堵"两个方面。所谓"导"，就是要将屋面积水顺利排除，因而应该有足够的排水坡度及相应的一套排水设施；所谓"堵"，就是要采用相应的防水材料，采取妥善的构造做法，防止渗漏。

根据建筑物的性质、重要程度、使用功能要求、建筑结构特点以及防水耐用年限等，将屋面防水分为四个等级，并按不同等级进行设防（见表6.1）。

（4）美观要求

屋顶是建筑物的重要装修内容之一。屋顶采取什么形式，选用什么材料和颜色均与美观有关。在解决屋顶构造做法时，应兼顾技术和艺术两大方面。

表6.1 屋面防水等级及设防要求

项目	屋面防水等级			
	Ⅰ	Ⅱ	Ⅲ	Ⅳ
建筑物类别	特别重要的民用建筑和对防水有特殊要求的工业建筑	重要的工业与民用建筑、高层建筑	一般工业与民用建筑	非永久性的建筑
防水耐用年限	25 年	15 年	10 年	5 年
选用材料	合成高分子防水卷材、高聚物改性沥青防水卷材等	高聚物改性沥青防水卷材、合成高分子防水卷材等	高聚物改性沥青防水卷材等	改性沥青防水卷材等
设防要求	三道或三道以上防水设防,其中必须有一道合成高分子防水卷材,且只能有一道厚度不小于 2 mm 的合成高分子涂膜	两道防水设防,其中必须有一道卷材,也可采用压型钢板进行一道设防	一道防水设防,必须用卷材,或两道防水材料复合使用	一道防水设防

2)屋顶的组成

屋顶主要由以下两部分组成:

(1)屋顶承重结构

坡屋顶的屋顶承重结构包括屋架、檩条、椽条等部分;平屋顶的屋顶承重结构包括钢筋混凝土屋面板、加气混凝土屋面板等。

(2)屋面部分

坡屋顶的屋面包括瓦、挂瓦条、油毡等部分;平屋顶的屋面则包含卷材防水层、刚性防水层、保温层或钢筋混凝土面层、防水砂浆面层等。

3)屋顶的类型

屋顶的类型很多,大体可以分为平屋顶、坡屋顶和其他形式的屋顶。各种形式屋顶的主要区别在于屋顶坡度的大小。而屋顶坡度又与屋面材料、屋顶形式、地理气候条件、结构选型、构造方法、经济条件等多种因素有关。屋顶坡度的表示方法有以下几种:

① 坡度。高度尺寸与水平尺寸的比值,常用"i"作标记,如 $i = 5\%$、25% 等。

② 角度。高度尺寸与水平尺寸所形成的斜线与水平尺寸之间的夹角,常用"α"作标记,如 $\alpha = 26°34''$、45° 等。

③ 高跨比。高度尺寸与跨度的比值。如高跨比为1∶4 等。

屋顶坡度只选择一种方式进行表达即可,常用的坡度值见图6.1。

从图中可以看出屋顶坡度与屋面防水材料、构造

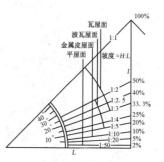

图 6.1 常见的屋顶坡度

做法和当地气候条件有关。如：

卷材防水、刚性防水——最小坡度为 1∶50(2%)；

水泥瓦、黏土瓦无望板及基层——最小坡度为 1∶2(50%)；

水泥瓦、黏土瓦有望板及油毡基层——最小坡度为 1∶2.5(40%)；

波形石棉瓦——最小坡度为 1∶3(33%)；

波形金属瓦——最小坡度为 1∶4(25%)；

压型钢板——最小坡度为 1∶7(14%)。

不同的坡度是区分屋顶类型的因素之一，常见的屋顶形式为：

① 平屋顶。坡度不小于 2% 的屋顶称为平屋顶(最大坡度为 25%)。平屋顶的坡度可以用材料找出，通常叫"材料找坡"(垫置坡度)；也可以用结构板材带坡安装，通常叫"结构找坡"(搁置坡度)。(注：跨度大于 18 m 时必须采用结构找坡)

② 坡屋顶。坡度在 10%～100% 的屋顶叫坡屋顶。坡屋顶的坡度均由屋架找出。其中 10%～20% 多用于金属皮屋顶，20%～40% 多用于波形瓦屋顶，40% 以上多用于各种瓦屋顶。坡屋顶常见的坡为 50%(屋顶高度与跨度的比值为 1/4)。

③ 其他形式的屋顶。这部分屋顶坡度变化大、类型多，大多应用于特殊的平面中。常见的有网架、悬索、壳体、折板等类型。屋顶的类型见图 6.2。

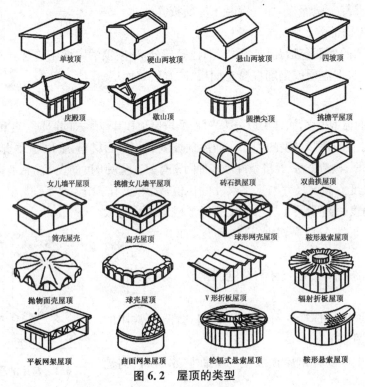

图 6.2　屋顶的类型

6.2 平屋顶的构造

1）平屋顶应考虑的主要因素

在选取平屋顶的构造层次及常用材料时，应考虑以下几个方面的因素：

① 屋顶为上人屋面还是非上人屋面；

② 屋顶的找坡方式是材料找坡还是结构找坡；

③ 屋顶所处房间是湿度较大的房间还是湿度正常的房间（其目的是考虑是否加设隔蒸汽层）；

④ 屋面板是采用钢筋混凝土板承重还是采用加气混凝土板承重；

⑤ 屋顶所处地区是北方（以保温做法为主）还是南方（以加强通风散热为主），地区不同构造层次也不一样。

2）平屋顶材料的选择

（1）承重层

平屋顶的承重层以钢筋混凝土板为最多，可以采用现场浇筑，也可以采用预制钢筋混凝土板。过去钢筋加气混凝土板亦应用于屋顶承重层，由于这种板的刚度较差，只能用于层数较低的建筑中。

（2）保温层

用于保温层的材料很多，究竟选择哪一种材料应综合分析材料来源、经济条件、加给结构层的重量和地区气温等因素。当前，确定保温层的方法有下列两种，第一种是度日数法，第二种是体型系数法。

① 度日数法。度日数指温度与采暖日期的乘积。

② 体型系数法。体型系数指的是建筑物与室外大气接触的表面积与所包围的体积之比。外表面积中，不计入地面与不采暖楼梯间的内墙面积。

选用体型系数法的目的在于节约能源，减少散热。

• 保温层材料的种类

a) 加气混凝土块：密度 $500 \sim 600$ kg/m³，导热系数计算值≤0.19 W/(m·K)；

b) 聚苯乙烯泡沫塑料板：密度 $16 \sim 20$ kg/m³，导热系数计算值≤0.041 W/(m·K)；

c) C10 陶粒混凝土块：密度 $1\ 000 \sim 1\ 500$ kg/m³，导热系数计算值≤0.4 W/(m·K)；

d) 水泥聚苯颗粒板：密度 $280 \sim 320$ kg/m³，导热系数计算值≤0.09 W/(m·K)；

e) 硅酸盐聚苯颗粒：密度 $210 \sim 250$ kg/m³，导热系数计算值≤0.06 W/(m·K)；

f) 憎水膨胀珍珠岩块：密度 $200 \sim 240$ kg/m³，导热系数计算值

≤0.07 W/(m·K)；

  g) 水泥膨胀蛭石块：密度330～370 kg/m³，导热系数计算值≤0.11 W/(m·K)；

  h) 特制加气混凝土保温块：密度 330～370 kg/m³，导热系数计算值≤0.10 W/(m·K)。

  • 保温层的组合方式与厚度

  保温层分为单一材料与复合材料两种。采用复合材料组合方式时，重型材料应放在上部。保温层做法共分为以下8种：

  a) 100 mm 厚加气混凝土块＋30～70 mm 厚聚苯乙烯泡沫塑料板；

  b) 60 mm 厚陶粒混凝土块＋50～70 mm 厚聚苯乙烯泡沫塑料板；

  c) 40 mm 厚 C20 细石混凝土＋50～70 mm 厚聚苯乙烯泡沫塑料板；

  d) 120～160 mm 厚水泥聚苯颗粒板；

  e) 90～160 mm 厚硅酸盐聚苯颗粒；

  f) 100～160 mm 厚憎水膨胀珍珠岩块；

  g) 150～240 mm 厚水泥膨胀蛭石块；

  h) 150～200 mm 厚特制加气混凝土保温块。

  (3) 防水层

  防水层做法分为柔性防水与刚性防水两大类，这里只介绍柔性防水做法。柔性防水层的材料共分为以下5种：

  ① 合成高分子防水卷材。合成高分子防水卷材用于Ⅰ级防水屋面时，厚度应不小于1.5 mm；用于Ⅱ、Ⅲ级防水屋面时，厚度应不小于1.2 mm；用于Ⅳ级防水屋面复合使用时，厚度应不小于1.0 mm。

  合成高分子卷材指的是：

  a) 三元乙丙丁基橡胶防水卷材：代号 IIR；

  b) 三元乙丙橡胶防水卷材：代号 EPDM；

  c) 氯丁橡胶防水卷材：代号 CR；

  d) 氯磺化聚乙烯防水卷材：代号 CSP；

  e) WRM-100 橡胶防水卷材；

  f) 聚氯乙烯防水卷材(PVC)和氯化聚乙烯防水卷材(CPE)；

  g) 高密度聚乙烯防水卷材(HDPE)；

  h) 塑料型氯化聚乙烯防水卷材；

  i) 红泥塑料合金防水卷材；

  j) 氯化聚乙烯-橡胶共混防水卷材。

  ② 高聚物改性沥青防水卷材。高聚物改性沥青防水卷材用于Ⅰ、Ⅱ级防水屋面复合使用时，厚度应不小于3 mm；用于Ⅲ级防水屋面单独使用时，厚度应不小于

4 mm;用于Ⅳ级防水屋面复合使用时,厚度应不小于 2 mm。高聚物改性沥青防水卷材指的是:

　　a) 弹性体——SBS 改性沥青防水卷材;

　　b) 弹性体——化纤胎改性沥青防水卷材;

　　c) 弹性体——自粘性化纤胎橡胶改性沥青复合防水卷材;

　　d) 塑性体——APP 改性沥青防水卷材;

　　e) 橡塑共混体——铝箔橡塑改性沥青防水卷材;

　　f) 橡塑改性沥青乙烯胎防水卷材;

　　g) 改性沥青聚氯乙烯胎防水卷材;

　　h) 优质氧化沥青防水卷材,催化氧化沥青防水卷材或稀释匹配沥青防水卷材。

　　③ 合成高分子防水涂料。合成高分子防水涂料一般按 2 mm 厚考虑。用于Ⅲ级防水屋面复合使用时,厚度应不小于 1 mm。合成高分子防水涂料指的是:

　　a) 反应型聚氨酯防水涂料(应不少于 3 遍涂刷);

　　b) 聚氨酯防水涂料;

　　c) 水乳型硅橡胶防水涂料(应不少于 8 遍涂刷);

　　d) 水乳型丙烯酸酯防水涂料(应不少于 5 遍涂刷);

　　e) 溶剂型丙烯酸酯防水涂料(应不少于 5 遍涂刷);

　　f) 水乳型聚氯乙烯(PVC)防水涂料(应不少于 5 遍涂刷);

　　g) 水乳型高性能橡胶防水涂料(应不少于 5 遍涂刷);

　　h) 水乳型聚合物水泥基复合防水涂料(YJ 型)(应不少于 3 遍涂刷)。

　　④ 高聚物改性沥青防水涂料。高聚物改性沥青防水涂料的厚度一般应不小于 3 mm,应采用涂刷五遍,一布五或六涂,二布六涂,二布六至八涂。用于Ⅲ级防水屋面复合使用时,厚度应不小于 1.5 mm。高聚物改性沥青防水涂料指的是:

　　a) 溶剂型氯丁橡胶改性沥青防水涂料;

　　b) 水乳型氯丁橡胶改性沥青防水涂料(阴离子型);

　　c) 溶剂型 SBS 改性沥青防水涂料;

　　d) 水乳型 SBS 改性沥青防水涂料。

　　⑤ 沥青基防水涂料。沥青基防水涂料的厚度一般应不小于 4 mm,用于Ⅲ级防水屋面单独使用时,厚度应不小于 8 mm。沥青基防水涂料指的是:

　　a) 水性石棉沥青防水涂料;

　　b) 膨润土沥青厚质涂料。

　　防水层的组合与材料选择应符合表 6.1 的要求,应注意把防水性能好的材料放在迎水面一侧。

（4）找平层

一般采用 20 mm 厚的 1∶3 水泥砂浆抹平。

（5）找坡层

找坡层最低处的厚度为 30 mm，平均厚度为 100 mm，材料找坡为 2%，结构找坡为 3%。按坡层的做法通常有以下 3 种：

① 水泥∶粉煤灰∶页岩陶粒＝1∶0.2∶3.5（质量比）；

② 水泥∶粉煤灰∶浮石＝1∶0.2∶3.5（质量比）；

③ 水泥∶砂子∶焦渣＝1∶1∶6（体积比）。

（6）隔汽层

隔汽层的作用是隔除水蒸气，避免保温层吸收水蒸气而产生膨胀变形，一般仅在湿度较大的房间设置。纬度 40°以北地区且室内空气相对湿度大于 75%，或其他地区室内空气常年大于 80% 时，必须设置隔汽层。隔汽层的常用材料有以下几种：

① 1.5 mm 厚聚合物水泥基复合防水涂料；

② 2 mm 厚氯丁橡胶改性沥青防水涂料；

③ 2 mm 厚 SBS 改性沥青防水涂料；

④ 1.2 mm 厚聚氨酯防水涂料；

⑤ 0.8 mm 厚硅橡胶防水涂料；

⑥ 1.2 mm 厚聚氯乙烯防水卷材。

3）平屋顶的构造层次

平屋顶的构造层次与上人、不上人，材料找坡、结构找坡，架空面层、实体面层和有无隔汽层有关。

常用的平屋顶的构造层次见图 6.3。

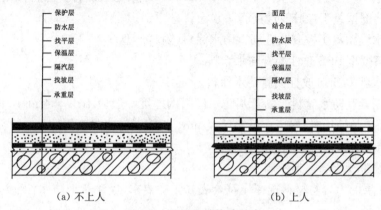

（a）不上人　　　　　　　　　　（b）上人

图 6.3　平屋顶的构造层次

4）平屋顶的细部做法

（1）平屋顶的檐部做法

檐部做法指的是墙身与屋面交接处的做法。这部分构造不但应满足技术方面（如排水、保温）的要求，也要考虑建筑艺术方面的要求。檐部常见的做法如下：

① 女儿墙的构造。上人的平屋顶一般要做女儿墙。女儿墙用以保护人员的安全，并对建筑立面起装饰作用。其高度一般不小于 1 300 mm（从屋面板上皮计起）。不上人的平屋顶也应做女儿墙，它除了起立面装饰作用外，还要固定油毡，其高度应不小于 800 mm（从屋面板上皮计起）。

女儿墙的厚度可以与下部墙身相同，但不应小于 240 mm。当女儿墙的高度超出抗震设计规范中规定的数字时，应有锚固措施。其常用做法是将下部的构造柱上伸到女儿墙压顶，形成锚固柱，其最大间距为 3 900 mm。

女儿墙的材料为普通黏土砖或加气混凝土块时，墙顶部应做压顶。压顶宽度应超出墙厚，每侧为 60 mm，并做成内低、外高，倾向平顶内部。压顶用豆石混凝土浇筑，内放钢筋，沿墙长放 3ϕ6 钢筋，沿墙宽放 ϕ4 钢筋（间距 300 mm），以保证其强度和整体性。

屋顶卷材遇有女儿墙时，应将卷材沿墙上卷，高度不应低于 250 mm，然后固定在墙上预埋的木砖、木块上，并用 1∶3 水泥砂浆做披水。也可以将油毡上卷，压在压顶板的下皮（图 6.4）。

② 挑檐板的构造。挑檐板可以现浇，也可以预制，目前预制的较多。预制挑檐板是将板安放在屋顶板上，并用 1∶3 水泥砂浆找平，并要妥善解决挑檐板的锚固问题。表 6.2 介绍了挑檐板的规格，图 6.5 介绍了挑檐板的锚固做法。

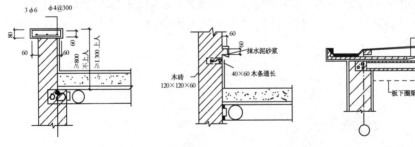

图 6.4 女儿墙做法　　　　　　　图 6.5 挑檐板的锚固

表 6.2 挑檐板的规格

板号	长×宽×高(mm)	最大挑出长度(mm)	混凝土体积(m³)	构件质量(kg)
一般板 TE1	1 500×980×(60～120)	500	0.154	385
转角板 TE2	1 670×1 670×(60～120)	500	0.276	690

下面介绍一个建筑物的挑檐板排板实例。

【例 6.1】 某建筑物的长度为 25 080 mm,宽度为 12 780 mm,按挑出 300 mm 计,试决定挑檐板的块数。

【解】 (1) 长度方面

25 080 mm 为建筑物长度的外包尺寸,挑檐板外皮尺寸为 25 080+2×300＝25 680(mm)。

在建筑物的长度方向上每侧有两根雨水管,每根雨水管在挑檐板处应拉开 300 mm 的板缝以固定下水口,即 25 680－600＝25 080(mm)。

选 2 块 TE2:25 080－1 670×2＝21 740(mm)。

选 21 块 TE1:21 740－(980＋20)×21＝740(mm)(其中的 20 mm 为缝隙宽度),余下的 740 mm 为现浇板带。

(2) 宽度方面

12 780 mm 为建筑物宽度的外包尺寸,挑檐板的外皮尺寸为 12 780+2×300＝13 380(mm)。

建筑物宽度方向没有雨水管,故可以直接确定挑檐板的数量。

扣除角部 TE2 所占尺寸而不计数量,13 380－1 670×2＝10 040(mm)。

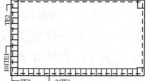

选 10 块 TE1:10 040－(980＋20)×10＝40(mm)(其中的 20 mm 为缝隙宽度),余下 40 mm 为现浇缝。

挑檐板的总数量为四边数量之和,故需将上述板号迭加。即 TE2:2×2＝4(块);TE1:(21＋10)×2＝62(块)(图 6.6)。

图 6.6 挑檐板排版图

③ 挑檐与女儿墙混合。为丰富檐部立面形式,还可以采用女儿墙与檐沟相结合的做法。其相关尺寸应分别与女儿墙或挑檐板吻合,排水方式以檐沟排水为主(图 6.7)。

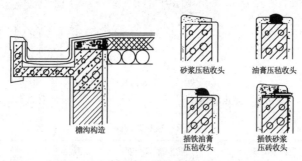

檐沟构造

砂浆压毡收头   油膏压毡收头

插铁油膏压毡收头   插铁砂浆压砖收头

图 6.7 檐沟构造

④ 斜板挑檐。为丰富檐部的立面形式,还可以在女儿墙与挑檐板之间铺放斜

板,形成斜板挑檐。斜板的外侧可以用瓦檐作装饰。

(2) 平屋顶的排水做法

① 排水方案的确定。为了把屋面做好,防止雨水渗漏,除制作严密的防水层外,还应将屋面雨水迅速地进行排除。

屋面的排水方式有两种:一种是雨水从屋面排至檐口,自由落下,这种做法叫无组织排水。这种做法虽然简单,但檐口排下的雨水容易淋湿墙面和污染门窗,一般只用于檐部高度在 5 m 以下的建筑物中。另一种是将屋面雨水通过集水口—雨水斗—雨水管排除。雨水管安在建筑物外墙上的,叫有组织的外排水;雨水管从建筑物内部穿过的,叫有组织的内排水。

屋面排水宜优先采用内排水。采用外排水时,须注意防止雨水倾下外墙,危害行人或其他设施。设水落管时,其位置和颜色应注意与建筑立面的协调。

高层建筑、多跨及积水面积较大的屋面应采用内排水。每一屋面或天沟一般应不少于两个排水口。当内排水只有一个排水口时,可在山墙(或女儿墙)外增设溢水口。

排水组织包括确定排水坡度、划分排水分区、确定雨水管数量、绘制屋顶平面图等工作。

② 排水坡度。平屋顶上的横向排水坡度为 2%,纵向排水坡度为 1%。天沟的纵向坡度一般不宜小于:

外排水　　　　0.5%(1:200)

内排水　　　　0.8%(1:125)

③ 排水分区。屋面排水分区一般按每个 ϕ75 雨水管能排除 200 m^2 的面积来划分,详见表 6.3。

表 6.3 　一个雨水立管能承担的最大集水区域面积　　　　(单位:m^2)

雨水管内径(mm)	100	150	200
外排水,明管	150	400	800
内排水,明管	120	300	600
内排水,暗管	100	200	400

有时还参考经验公式来进行验算:

$$F = 438D^2/h$$

式中:F——容许的排水面积,m^2;

D——雨水管的直径,cm;

h——每小时的降水量,mm。

以某地区为例:每小时降水量为 126 mm(最大值),若选用 100 mm 直径的硬质塑料雨水管,则 $F = 438 \times 10^2/126 = 347$(m^2)。

④ 雨水管的构造(见图 6.8)。两个雨水口(雨水管)之间的距离一般不宜大于表 6.4 中规定的数值。

表 6.4　两个雨水口(雨水管)之间的距离　　　　　　　　　(单位:m)

外排水		内排水	
有外檐天沟	无外檐天沟	明装雨水管	暗装雨水管
24	15	15	15

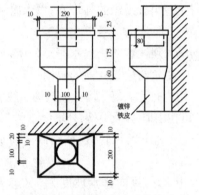

图 6.8　雨水管、雨水斗的构造

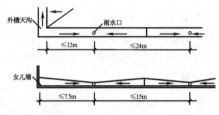

图 6.9　雨水管的布置

雨水管应尽量均匀布置,以充分发挥其排水能力,见图 6.9。

排水口距女儿墙端部(山墙)的距离不宜小于 0.5 m,且以排水口为中心,半径在 0.5 m 范围内的屋面坡度不应小于 3%。排水口加防护罩防堵,加罩后的流水进口高度不应高过沿沟底面。

外装雨水管采用硬质塑料制作,暗装雨水管应采用铸铁管或钢管,管壁内外浸涂防腐涂料,立管宜 1~2 层高或 6 m 左右设一清扫口(掏堵口),一般中心距楼地面 1 m。

⑤ 屋顶平面图。屋顶平面图应标明排水分区、排水坡度、雨水管位置、穿出屋顶的突出物的立管等(图 6.10)。

(3) 平屋顶突出物的处理

① 变形缝。平层顶上变形缝的两侧应砌筑半砖墙,上盖混凝土板或铁皮遮挡雨水。在北方地区为了保温,在变形缝内应填塞沥青麻丝等材料(图 6.11)。

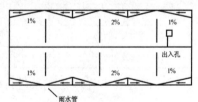

图 6.10　屋顶平面图

② 烟囱、管道。凡烟囱、管道等伸出屋面的构件必须在屋顶上开孔时,为了防止漏水,应将油毡向上翻起,抹上水泥砂浆或再盖上镀锌铁皮,起挡水作用,称为泛

水。泛水高度以不超过 250 mm 为宜(图 6.12)。

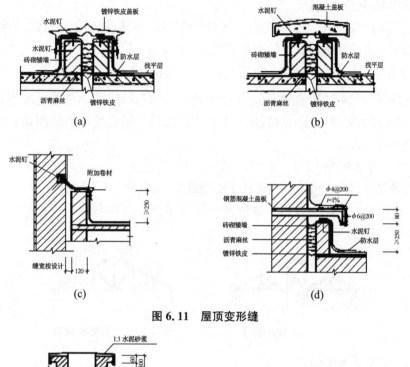

图 6.11 屋顶变形缝

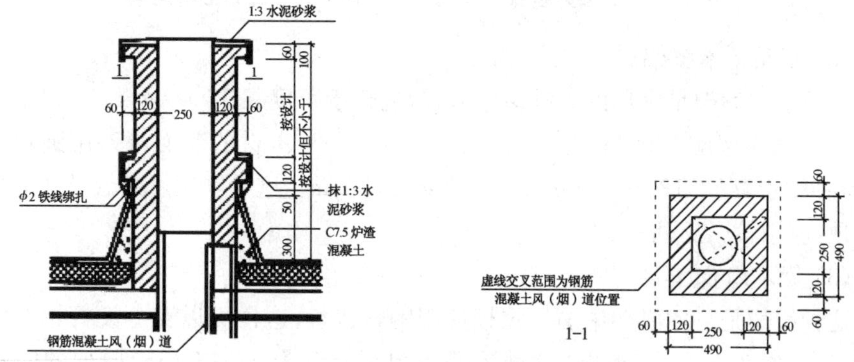

图 6.12 烟囱、管道出屋面做法

③ 出入孔。平屋顶上的出入孔是为了检修而设置的。开洞尺寸应不小于 700 mm×700 mm。为了防漏,应将板边上翻,亦做泛水,上盖木板,以遮挡风雨。

6.3 坡屋顶的构造

屋面坡度大于 1∶7 的屋顶叫坡屋顶。坡屋顶的坡度大,雨水容易排除,因此屋面防水问题比平屋顶容易解决,在隔热和保温方面也有其优越性。过去坡屋顶应用较多,目前由于木材供应紧张,很多建筑采用了平屋顶。亦可用钢材或其他材料代替木材,做成坡屋顶。

坡屋顶的构造包括两大部分:一部分是由屋架、檩条、屋面板组成的承重结构;另一部分是由挂瓦条、油毡层、瓦等组成的屋面面层。

1) 坡屋顶的承重结构

坡屋顶的承重结构形式很多,承重结构形式的选择应综合考虑建筑物的结构形式、对跨度的要求、屋面材料、施工条件以及对建筑形式的要求等因素。经常采用的类型有:

(1) 人字木屋架

这种屋架适合有内墙或内部柱子的建筑物,支点的间距(跨度)应在4~5 m之间,屋架间距应在2 m以内。这种屋架没有下弦杆件,不能从下弦直接做吊顶(图6.13)。

图6.13　人字木屋架　　　　　图6.14　三角形木屋架

(2) 三角形木屋架

三角形木屋架是常用的一种屋架形式,适合于跨度在15 m及15 m以下的建筑物中。木屋架的高度与跨度之比约为1/4~1/5,木材的断面可以用圆木或方木,断面尺寸为$b=120\sim150$ mm,$h=180\sim240$ mm。这种屋架可以做成两坡顶和四坡顶,应用较广泛(图6.14)。

(3) 钢木组合屋架

这种屋架是将木屋架中的受拉杆件用钢材代替,这样可以充分发挥钢材的受力特点,在构造上是合理的。这种屋架适用于跨度为15~20 m、屋架的间距≤4 m的建筑物。高度与跨度的比值为1/4~1/5(图6.15)。

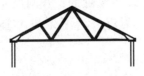 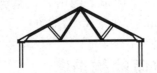

图6.15　钢木组合屋架　　　　图6.16　钢筋混凝土组合屋架

(4) 钢筋混凝土组合屋架

这种屋架是采用钢筋混凝土与型钢两种材料组成的。上弦及受压杆件均采用钢筋混凝土,下弦及受拉杆件均采用型钢。这种屋架适用于 12～18 m 跨度的建筑(图 6.16)。

(5) 硬山承重体系

硬山承重体系在开间一致的横墙承重的建筑中经常采用。做法是将横向承重墙的上部按屋顶要求的坡度砌筑,上面铺钢筋混凝土屋面板或加气混凝土屋面板。也可以在横墙上搭檩条,然后铺放屋面板,再做屋面。这种做法通称为"硬山搁檩"。硬山承重体系将屋架省略,构造简单,施工方便,因而采用较多(图 6.17)。

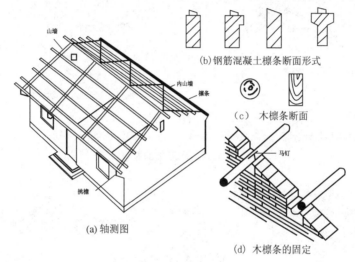

(b)钢筋混凝土檩条断面形式

(c) 木檩条断面

(a)轴测图

(d) 木檩条的固定

图 6.17　硬山承重体系

2) 坡屋顶的屋面构造

(1) 木屋架的布置

木屋架的结构布置应与建筑物开间相适应,间距一般在 3～4 m 之间,如果建筑内部有走廊,应尽量利用走廊作中间支点。为使木屋架在安装和使用过程中有较好的稳定性,应该设置垂直剪刀撑,使两榀屋架之间形成整体。一般每隔一间做支撑一道。屋架跨度小于 8 m,又铺有屋面板时,垂直支撑可以适当减少;当屋架跨度在 8～12 m 时,在跨中设置一道垂直支撑;如果跨度大于 12 m,应设置两道支撑,布置在跨度的 1/3 附近。如图 6.18 所示。

(2) 屋面构造

在木屋架上常做瓦层面,其构造层次为在檩条上铺设望板,上放油毡、顺水压毡条、挂瓦条,最外层为瓦(图 6.19)。

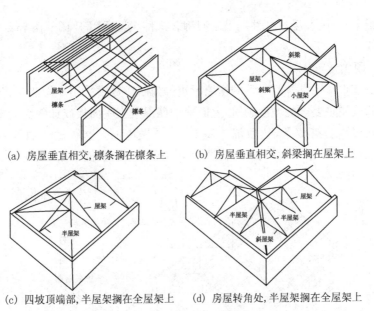

(a) 房屋垂直相交,檩条搁在檩条上　　(b) 房屋垂直相交,斜梁搁在屋架上

(c) 四坡顶端部,半屋架搁在全屋架上　　(d) 房屋转角处,半屋架搁在全屋架上

图 6.18　木屋架的布置

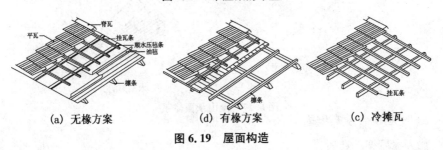

(a) 无椽方案　　　　(d) 有椽方案　　　　(c) 冷摊瓦

图 6.19　屋面构造

　　① 檩条。檩条支承在屋架上弦上,用三角形木块(俗称"檩托")固定就位。檩条的间距与屋架的间距、檩条的断面尺寸以及屋面板的厚度有关。一般为 700～900 mm。檩条的位置最好放在屋架节点上,以使受力合理。檩条上可以直接钉屋面板;如果檩条间距较大,也可以垂直于檩条铺放椽子。椽子是截面尺寸为 50 mm×50 mm 的方木或 $\phi50$ 的圆木,其间距为 500 mm 左右。檩条的截面尺寸一般为 50 mm×70 mm～80 mm×140 mm。

　　② 屋面板。屋面板也叫"望板",一般采用 15～20 mm 厚的木板钉在檩条上。屋面板的接头应在檩子上,不得悬空。屋面板的接头应错开布置,不得集中于一根檩条上。为了使屋面板结合严密,可以做成企口缝。

　　③ 油毡。屋面板上应干铺一层油毡。油毡应平行于屋檐,自下而上铺设,纵横搭接宽度应不小于 100 mm,用热沥青粘严。遇有山墙、女儿墙及其他屋面突出物,油毡应沿墙向上卷,距屋面高度应大于或等于 200 mm,钉在预先砌筑在突出物

上的木条、木砖上。油毡在屋檐处应搭入铁皮天沟内(图 6.20)。

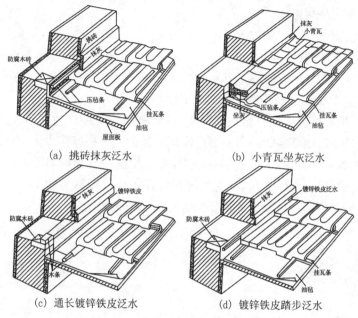

(a) 挑砖抹灰泛水

(b) 小青瓦坐灰泛水

(c) 通长镀锌铁皮泛水

(d) 镀锌铁皮踏步泛水

图 6.20 瓦与墙面交接部位的油毡做法

④ 顺水条。这是钉于望板上的木条,断面尺寸为 24 mm×6 mm,其目的是压油毡,方向为顺水流方向,故称为"顺水压毡条"。顺水条的间距为 400~500 mm。

⑤ 挂瓦条。挂瓦条钉在顺水条上,与顺水条方向垂直,断面尺寸为 20 mm×30 mm,间距应与平瓦的尺寸相适应,一般为 280~330 mm。屋檐三角木为 50 mm×70 mm,通常在每两根顺水条之间锯出一个三角形泄水孔。

⑥ 平瓦。坡顶上部的瓦为平瓦或挂瓦。平瓦有陶瓦(颜色有青、红两种)和水泥瓦(颜色为灰白色)两种。图 6.21 为瓦的形状。

青、红陶瓦尺寸:宽 240 mm,长 380 mm,厚 20 mm。

青、红陶瓦的脊瓦尺寸:宽 190 mm,长 445 mm,厚 20 mm。

水泥瓦尺寸:宽 235 mm,长 385 mm,厚 15 mm。

水泥脊瓦尺寸:宽 190 mm,长 445 mm,厚 20 mm。

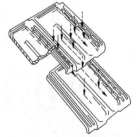

图 6.21 瓦的形状

铺瓦时应由檐口向屋脊铺挂。上层瓦搭盖下层瓦的宽度不得小于 70 mm。最下一层瓦应伸出封檐板 80 mm。一般在檐口及屋脊处用一道 20 号铅丝将瓦拴在挂瓦条上,在屋脊处脊瓦铺 1∶3 水泥砂浆盖严。

⑦ 石棉水泥瓦。石棉水泥瓦是在坡屋顶中经常采用的屋面材料,它的特点是

自重轻、面积大、接缝少、防水性能好,适用于坡度较小的屋顶。这种瓦的表面呈波浪形,有以下三种规格:

大波瓦:宽 994 mm,长 2 800 mm,厚 8 mm。

中波瓦:宽 745 mm,长 2 400 mm、1 800 mm、1 200 mm,厚 6.5 mm。

小波瓦:宽 720 mm,长 1 800 mm,厚 6 mm。

脊瓦:宽 230 mm,长 780 mm,厚 6 mm。

水泥石棉瓦可以直接钉铺在檩条上,因此檩条的间距应与瓦条相适应。如果檩条上有屋面板,则檩条间距可不受此限制。瓦的上下搭接至少为 100 mm。横向搭接应当顺着主导方向,大波瓦搭一波半,小波瓦搭一波半到两波半,上下两排瓦的搭接缝应错开,否则应锯角,以免出现四块瓦重叠。瓦钉应加毡垫,钉在瓦的波峰处,并与檩条拧紧。在屋脊处还要加盖脊瓦(图 6.22)。

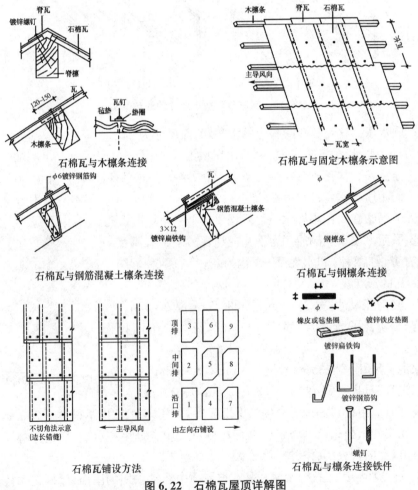

图 6.22　石棉瓦屋顶详解图

⑧ 瓦垄铁皮。瓦垄铁皮屋面也是经常采用的屋面材料,它的形式、构造特点和水泥石棉瓦相似。瓦的宽度一般为 650~750 mm,长度按平铁规格有 1 830 mm、2 134 mm 两种。瓦垄铁的上下搭接为 80~200 mm,横向搭接要顺着主导风向,搭压一垄半。

3)坡屋顶的檐部和山墙构造

(1)挑檐板的构造

挑檐的做法与屋架的类型有关。木屋架的挑檐有以下几种做法:

① 在屋架的下弦支座处另加附木挑出,从附木上吊小龙骨,钉板条或木丝板并抹灰或喷浆,利用附木钉封檐板(图 6.23)。

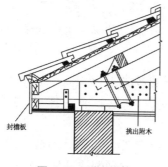
图 6.23　附木挑檐

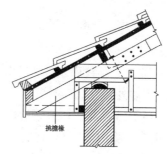
图 6.24　挑檐椽挑檐

② 从屋架上弦加挑檐板。将屋架上弦延长、挑出墙身,在挑檐椽下端钉封檐板和吊龙骨,并在挑檐处做檐口顶棚,做法同上(图 6.24)。

③ 硬山搁檩。挑檐是横向承重的内墙和山墙,在檐口的部位安放挑梁,将梁压砌在墙内。梁的端头钉放檐檩,下面钉板条、抹灰。檐檩外面再钉封檐板。硬山搁檩不用屋架,是经常采用的做法,它的挑檐做法与木屋架挑檐类似(图 6.25)。

图 6.25　硬山搁檩挑檐

④ 封檐的构造。在挑檐较小的情况下可以用封檐的做法,即将砖墙逐层挑出几皮,挑出的总宽度一般不大于墙厚的 1/2。平瓦铺在屋檐檐口处,坐浆抹在挑砖上(图 6.26)。

⑤ 下弦用钢材的钢木屋架,其挑檐做法也是在支座处加附木挑出。附木的端部钉檐檩,檐檩的外面钉檐板,下部钉板条,抹灰(图 6.27)。

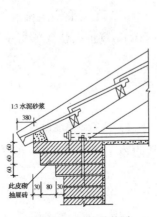

图 6.26　封檐的构造

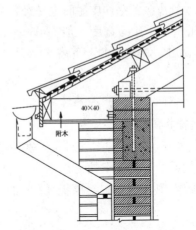

图 6.27　钢木屋架檐部做法

(2) 山墙的构造

① 悬山构造。屋顶在山墙外挑出墙身的做法叫"悬山"。先将靠山墙一间的檩条按要求挑出墙外,端头钉封檐板,下面钉龙骨、板条,然后抹灰。封檐板与平面瓦屋面交接处用 C15 混凝土压实、抹光。

② 硬山构造。将山墙砌起,高出屋面不少于 200 mm,在山墙与平瓦交接处用 C20 豆石混凝土做成斜坡,压实抹光。山墙墙顶用预制或现制的钢筋混凝土压檐块盖住,用 1∶3 水泥砂浆抹出滴水,其泛水(坡度)流向屋面。

③ 封山构造。封檐檐口在山墙处的做法是把纵向墙的墙顶逐层挑出,使最上一皮砖稍微高出屋面,与平瓦接缝处用 1∶3 水泥砂浆抹平。

4) 坡屋顶的天沟及泛水做法

(1) 天沟

在两个坡屋面相交处或坡屋顶在檐口有女儿墙时即出现天沟。这里雨水集中,要特殊处理它的防水问题。屋面中间天沟的一般做法是:沿天沟两侧通常钉三角木条,在三角木条上放 24 号铁皮 V 形天沟,其宽度与收水面积的大小有关,其深度应不小于 150 mm(图 6.28)。

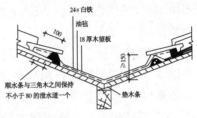

图 6.28　天沟做法

(2) 屋面泛水

在屋面与墙身交接处要做泛水。泛水的做法是把油毡沿墙向上卷,高出屋面不少于 200 mm,油毡钉在木条上,木条钉在预埋的木砖上。木条以上通常砌出 60 mm 的砖挑檐,并用 1∶3 水泥砂浆抹出滴水。在屋面与墙交接处用 C15 豆石混凝土找出斜坡,压实、抹光(图 6.29)。

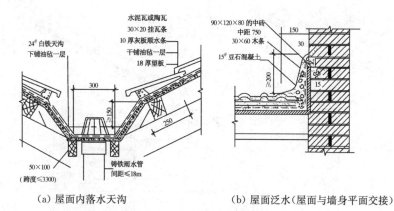

(a) 屋面内落水天沟　　(b) 屋面泛水(屋面与墙身平面交接)

图 6.29　屋面泛水构造

(3) 女儿墙天沟

这种天沟与上述做法相似。油毡卷起高度要在 250 mm 以上,亦用砖挑檐抹出滴水,檐沟断面如图 6.30 所示。屋面板要沿天沟做出一定的宽度,在其下面用方木托住。

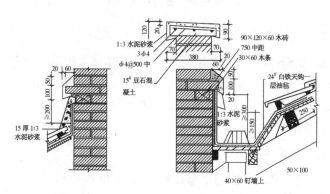

(a) 屋面泛水(屋面与墙身坡面交接)　　(b) 女儿墙天沟

图 6.30　女儿墙处天沟

(4) 檐沟和水落管

檐沟是用白铁皮做成的半圆形或方形的沟,平行于檐口,钉在封檐板上,与板相接处用油毡盖住,并以热沥青黏严。铁皮檐沟的下口插入水落管。水落管一般是用硬质塑料做成的圆形或方形断面的管子,用铁卡子(间距小于或等于 1 200 mm)固定在墙上,距墙为 30 mm,下口距地面或散水表面 50 mm(图 6.31)。

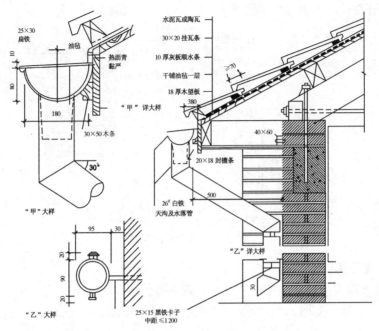

图 6.31　檐沟和水落管

5）坡屋顶的屋顶平面图

两坡顶的建筑物，如果两边坡度一样，其屋脊在建筑物宽度的中间位置。

四坡顶的建筑物，如果坡度一样，其正脊在建筑物的宽度中间位置，斜脊由建筑物的角部成 45°线引出。对于组合平面的坡屋顶，其做法同上，突出的为脊，凹进的为沟。脊、坡、檐、沟的关系见图 6.32。

6）木屋架下的吊顶处理

木屋架下的吊顶棚是在屋架下弦钉木吊杆，其断面尺寸为 50 mm×50 mm 或 40 mm×60 mm，长度则由室内要求顶棚的高度来决定。吊杆的下端钉 40 mm× 60 mm 或 50 mm×50 mm 的木龙骨，中距 400～600 mm，龙骨下钉 24 mm× 6 mm 的木板条，板条间隔为 5 mm 左右；然后用麻刀灰打底，白灰砂浆找平，纸筋灰罩面，表面喷浆。在龙骨的下部钉木丝板亦可，木丝板表面喷浆。

钢丝网吊顶是较好的一种做法。这种做法是在龙骨上钉好板条后加钉一层钢丝网，用麻刀灰打底，混合砂浆找平，纸筋灰罩面。

在能保证室内空间要求的条件下也可以不设吊杆，而将龙骨直接钉在屋架下弦上（图 6.33）。

采用钢木屋架或人字形屋架的吊顶，是把吊杆钉在屋架上弦上，也可以钉在檩

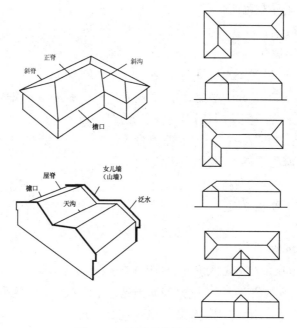

图 6.32 坡屋顶的屋顶平面图

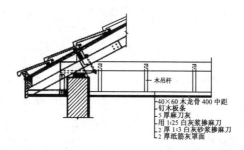

图 6.33 吊顶的构造

条上,龙骨及抹灰的做法与前述相同。

下面介绍几种常见的吊顶做法。

(1) 苇箔吊顶抹灰

① 安装 50 mm×70 mm 大龙骨,中距 900~1 200 mm。

② 安装 50 mm×50 mm 小龙骨,中距 450 mm,找平后用 50 mm×50 mm 方木吊挂钉牢,再用 12 号镀锌铁丝隔一道绑一道。苇箔吊顶。

③ 3 mm 厚麻刀灰打底(不包括挤入缝内部分)。

④ 1:2.5 白灰膏砂浆挤入底灰中。

⑤ 抹 5 mm 厚 1:2.5 白灰膏砂浆。

⑥ 2 mm 厚纸筋灰罩面。

⑦ 喷大白浆。

(2) 板条吊顶抹灰

① 安装 50 mm×70 mm 大龙骨,中距 900～1 200 mm。

② 安装 50 mm×70 mm 小龙骨(底面刨光),中距 450 mm,找平后用 50 mm× 50 mm 方木吊挂钉牢,用 12 号镀锌铁丝隔一道绑一道。

③ 钉木板条,离缝 7～10 mm,端头离缝 5 mm。

④ 3 mm 厚麻刀灰掺 10％水泥打底。

⑤ 1∶2.5 白灰膏砂浆挤入底灰中。

⑥ 2 mm 厚纸筋灰罩面。

⑦ 喷大白浆。

(3) 木丝板吊顶

① 安装 50 mm×70 mm 大龙骨,中距 900～1 200 mm。

② 安装 50 mm×50 mm 小龙骨(底面刨光),中距 450 mm,找平后用 50 mm× 50 mm 方木吊挂钉牢,用 12 号镀锌铁丝隔一道绑一道。

③ 钉 25 mm 厚木丝板。

④ 喷大白浆。

7) 新型瓦材简介

(1) 彩色水泥瓦

外形尺寸为 420 mm×330 mm,上下两片瓦搭接应不小于 75 mm。颜色有玛瑙红、素烧红、紫罗红、万寿红、金橙黄、翠绿、纯净绿、孔雀蓝、纯净蓝、古岩灰、水灰青和仿珠黑等。瓦的附件有脊瓦、檐口瓦、排水沟瓦等。

这种瓦适用于屋面坡度在 22.5°～80°之间,坡度大时必须将瓦用钉子钉牢。

(2) 彩色油毡瓦

外形尺寸为 333 mm×1 000 mm,厚度为 4 mm。安装时采用钉接。附件有脊瓦、镀锌钢钉等。这种瓦适用于屋面坡度≥1/3 的屋面。

彩色油毡瓦除采用钉接外,还可以采用粘接(用改性沥青粘接剂)。

(3) 小青瓦

小青瓦有底瓦、盖瓦、筒瓦、滴水瓦和脊瓦等,用来组成阴阳瓦屋面、筒瓦屋面、冷摊瓦屋面等,少雨地区瓦与瓦之间应压六露四,多雨地区应压七露三。

小青瓦为黏土瓦,应控制使用。

(4) 琉璃瓦

琉璃瓦分平瓦与筒瓦两大类。平瓦包括 S 形瓦、平板瓦、波形瓦及空心瓦等。

颜色有铬绿、橘黄、橘红、玫瑰红、咖啡绿、湖蓝、孔雀蓝和金黄等。

（5）彩色压型钢板波形瓦

彩色压型钢板波形瓦用 0.5～0.8 mm 厚的镀锌钢板冷压成仿水泥瓦外形的大瓦。横向搭接后中距为 1 000 mm，纵向搭接后最大中距为 400 mm，挂瓦条中距为 400 mm。

这种瓦用拉铆钉、自攻钉连接在钢挂瓦条上。

（6）石板瓦

石板瓦选用优质页岩片制成。一般尺寸为 300 mm×600 mm，厚 5～10 mm。屋面坡度大于 30°时，每块瓦必须钻孔，用镀锌螺钉钉于屋面板上，瓦片上下、左右搭接长度应不小于 75 mm。

（7）压型钢板

压型钢板采用 0.6～0.8 mm 彩色钢板制成。断面有 V 形、长平短波和高低波等形状。这种瓦的宽度一般为 750～900 mm，长度可以根据需要截取，最长可达 6 m。

为保温隔热，还可以在上下面层中间填以玻璃棉、岩棉或聚苯等芯材，形成"三合一"（承重、保温、防水合一）板材，如 EPS 板等。

（8）玻璃纤维增强聚酯波形瓦（玻璃钢瓦）

玻璃纤维增强聚酯波形瓦是在聚酯中加入玻璃纤维制成，颜色有蓝色、绿色及透光较好的"阳光板"等。

复习思考题

1. 屋顶的作用是什么？设计要求有哪些？

2. 常见的屋顶类型有哪些？

3. 影响屋顶坡度的因素和表示方法是什么？

4. 平屋顶包括哪些构造层次？

5. 常见的平屋顶的檐部做法有哪些？

6. 什么是有组织排水？什么是无组织排水？

7. 平屋顶的屋顶突出物应该注意哪些问题？

8. 坡屋顶的承重结构有哪些？

9. 坡屋顶的屋面构造有哪些？

10. 坡屋顶的檐部做法有哪些？

11. 坡屋顶的天沟构造要点是什么？屋面泛水结构做法如何？

12. 新型屋面材料的构造如何？

7 楼梯及电梯

7.1 概　述

1) 解决建筑物垂直交通和高差的措施

解决建筑物的垂直交通和高差一般采取以下措施：

① 坡道：用于高差较小时的联系，常用坡度为 1/8～1/10，角度在 20°以下。供残疾人使用的坡道，其坡度为 1/12。

② 礓磋：锯齿形坡道，其锯齿尺寸宽度为 50 mm，深 7 mm，坡度与坡道相同。

③ 楼梯：用于楼层之间和高差较大时的交通联系，角度为 20°～45°，舒适坡度为 26°34′，即高宽比为 1：2。

④ 电梯：用于楼层之间的联系，角度为 90°。

⑤ 自动扶梯：又称"滚梯"，有水平运行、向上运行和向下运行三种方式，向上或向下的倾斜角度为 30°左右；亦可以互换使用。

⑥ 爬梯：多用于专用梯（工作梯、消防梯等），角度为 45°～90°，其中常用角度为 59°（高宽比 1：0.6）、73°（高宽比 1：0.3）和 90°。

2) 楼梯数量的确定

公共建筑和走廊式住宅一般应设两部楼梯，单元式住宅可以例外。2～3 层的建筑（医院、疗养院、托儿所、幼儿园除外）符合表 7.1 的要求时，可设一个疏散楼梯。9 层和 9 层以下，每层建筑面积不超过 300 m²，且人数不超过 30 人的单元式住宅可设一个楼梯。

表 7.1　设置一个楼梯的条件

耐火等级	层数	每层最大建筑面积（m²）	人数
1,2	2,3	500	第 2 层与第 3 层人数之和不超过 100 人
3	2,3	200	第 2 层与第 3 层人数之和不超过 50 人
4	2	200	第 2 层人数不超过 30 人

3) 楼梯位置的确定

① 楼梯应设在明显和易于找到的部位。

② 楼梯不宜设在建筑物的角部和边部,以便于荷载的传递。

③ 楼梯间应有直接采光。

④ 4 层以上建筑物的楼梯间应在底层设出入口;4 层及 4 层以下的建筑物,楼梯间可以设在距出入口不大于 15 m 处。

4) 楼梯应满足的几点要求

① 功能方面的要求:主要指楼梯数量、宽度尺寸、平面式样、细部做法等均应满足功能要求。

② 结构、构造方面的要求:楼梯应有足够的承载能力(住宅按 1.5 kN/m²,公共建筑按 3.5 kN/m² 考虑)、足够的采光能力(采光系数不应小于 $l/12$)、较小的变形(允许挠度值为 $l/400$)等。

③ 防火、安全方面的要求:楼梯间距、楼梯数量均应符合有关规定。此外,楼梯四周至少有一面墙体为耐火墙体,以保证疏散安全。

④ 施工、经济要求:在选择装配式做法时,构件重量应当适当,不宜过大。

5) 楼梯的类型

楼梯按结构材料的不同,有钢筋混凝土楼梯、木楼梯、钢楼梯等。钢筋混凝土楼梯因其坚固、耐久、防火,故应用比较普遍。

楼梯可分为直跑式、双跑式、三跑式、多跑式及弧形和螺旋式各种形式。双跑楼梯是最常用的一种。楼梯的平面类型与建筑平面有关。当楼梯的平面为矩形时,适合做成双跑式;接近正方形的平面,可以做成三跑式或多跑式;圆形的平面可以做成螺旋式楼梯。有时,楼梯的形式还要考虑建筑物内部的装饰效果,如建筑物正厅的楼梯常常做成双分式和双合式等形式,见图 7.1。

高层建筑的楼梯间大体有以下三种形式:

(1) 开敞楼梯间

这种楼梯间仅适用于 11 层及 11 层以下的单元式高层住宅,要求开向楼梯间的户门为乙级防火门,且楼梯间应靠近外墙并有直接天然采光和自然通风。

(2) 封闭楼梯间

这种楼梯间(图 7.2)适用于 24 m 及 24 m 以下的裙房和建筑高度不超过 32 m 的二类高层建筑以及 12 层至 18 层的单元式住宅、11 层及 11 层以下的通廊式住宅。其特点是:

① 楼梯间应靠近外墙,并应有直接天然采光和自然通风。

② 楼梯间应设乙级防火门,并应向疏散方向开启。

③ 底层可以做成扩大的封闭楼梯间(图 7.3)。

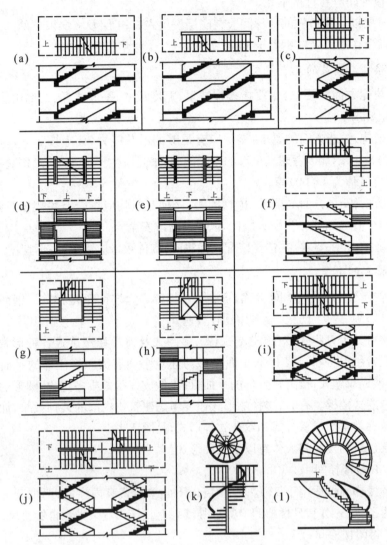

(a) 直行单跑楼梯　(b) 直行多跑楼梯　(c) 平行双跑楼梯　(d) 平行双分楼梯
(e) 平行双合楼梯　(f) 折行双跑楼梯　(g) 折行三跑楼梯　(h) 设电梯折行三跑楼梯
(i),(j) 交叉跑(剪刀)楼梯　(k) 螺旋形楼梯　(l) 弧形楼梯

图 7.1　楼梯的类型

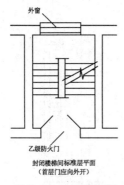

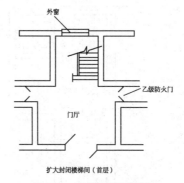

图 7.2　封闭楼梯间　　　　图 7.3　扩大封闭楼梯间

（3）防烟楼梯间

这种楼梯间（图 7.4，图 7.5）适用于一类高层建筑、建筑高度超过 32 m 的二类高层建筑以及塔式住宅，19 层及 19 层以上的单元式住宅、超过 11 层的通廊式住宅。其要求是：

① 楼梯间入口处应设前室、阳台或凹廊。

② 前室的面积公共建筑不应小于 6 m²，民用建筑不应小于 4.5 m²。

③ 前室和楼梯间的门均应为乙级防火门，并应向疏散方向开启。

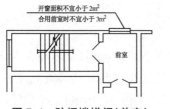

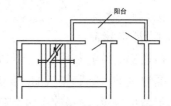

图 7.4　防烟楼梯间（前室）　　　图 7.5　防烟楼梯间（阳台）

高层建筑通向屋面的楼梯不应少于两个，且不应穿越其他房间。通向屋面的门应向屋面方向开启。

室外楼梯可以作为辅助防烟楼梯并可以计入疏散总宽度之内。高层建筑的室外楼梯净宽度不应小于 0.9 m，倾斜度不应大于 45°。不作为辅助防烟楼梯的其他多层建筑的室外楼梯净宽度可以不小于 0.8 m，倾斜度可以不大于 60°。栏杆扶手高度均不应小于 1.1 m。

室外楼梯和每层出口处平台应采用非燃烧材料制作，平台的耐火极限不应低于 1 h。在楼梯周围 2 m 以内的墙面上，除设疏散门外，不应开设其他门窗洞口，疏散门不应正对楼梯段，见图 7.6。

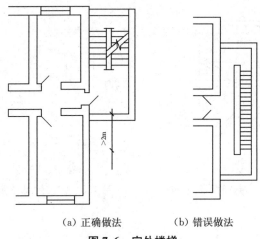

(a) 正确做法　　　(b) 错误做法

图 7.6　室外楼梯

7.2　楼梯的设计

1) 楼梯的具体设计

在楼梯设计中,楼梯间的层高、开间、进深尺寸为已知条件,要注意区分是封闭式楼梯还是开敞式楼梯。

楼梯的设计步骤是:

① 根据楼梯的性质和用途确定楼梯的适宜坡度,选择踏步高 h、踏步宽 b。

② 根据通过的人数和楼梯的开间尺寸确定楼梯间的楼梯段宽度 B_1。

③ 确定踏步数量:踏步数应为整数,其值为 $n=H/h$,其中 H 为楼层高,h 为踏步高。

④ 确定每个楼梯段的踏步数:一个楼梯段的踏步数最少为 3 步,最多为 18 步,总数多于 18 步应做成双跑或多跑。

⑤ 由已确定的踏步宽 b 确定楼梯段的水平投影长度 L_1,$L_1=(n-1)b$。

⑥ 由开间净宽度 B 确定楼梯段之间的空隙(梯井)B_2,$B_2=B-2B_1$。

⑦ 确定平台宽度 L_2,$L_2 \geqslant B_1$。

⑧ 若首层平台下面要求通行时,可将室外台阶移到室内,以增加平台下的空间尺寸。也可以采用将首层第一跑楼梯加长的办法提高平台高度。

【**例 7.1**】　某建筑物开间 3 300 mm,层高 3 300 mm,进深 5 100 mm,开敞式楼梯。内墙厚 240 mm,轴线居中,外墙厚 360 mm,轴线外侧 240 mm,内侧 120 mm,室内外高差 450 mm。楼梯间不通行。对该楼梯进行具体设计。

【解】 (1) 本题为开敞式楼梯，初步确定 $b=300$ mm，$h=150$ mm。选双跑楼梯。

(2) 确定踏步数 n：$n=\dfrac{H}{h}=3\ 300\div150=22$（步）。

由于 22 步超过了每跑楼梯的最多允许步数 18 步，故采用双跑楼梯。$22\div2=11$（步）（每跑 11 步）。

(3) 确定楼梯段的水平投影长度 L_1：$L_1=300\times(11-1)=3\ 000$（mm）。

(4) 确定楼梯段宽度 B_1：

取梯井宽度 $B_2=160$ mm，则 $B_1=(3\ 300-2\times120-160)\div2=1\ 450$（mm）。

(5) 确定休息板宽度 L_2：取 $L_2=1\ 450+150=1\ 600$（mm）。

(6) 校核：

进深净尺寸 $L=5\ 100-120+120=5\ 100$（mm），

$L-L_1-L_2=5\ 100-3\ 000-1\ 600=500$（mm）。

结论为合格。

(7) 画平面、剖面草图，如图 7.7 所示。

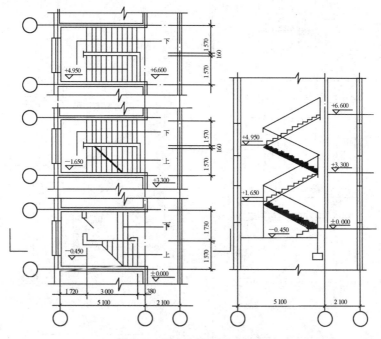

图 7.7 例 7.1 的平面、剖面图

【例 7.2】 某住宅的开间尺寸为 2 700 mm，进深尺寸为 5 100 mm，层高 2 700 mm，封闭式平面，内墙厚 240 mm，轴线居中，外墙 360 mm，轴线外侧 240 mm，内侧

120 mm。室内外高差 750 mm，楼梯间底部有出入口，门高 2 000 mm。对该楼梯进行具体设计。

【解】 （1）本题为封闭式楼梯，层高 H 为 2 700 mm，初步确定步数为 16 步。

（2）踏步高度 $h = \dfrac{H}{n} = 2\,700 \div 16 = 168.75$（mm），取踏步宽度 b 为 250 mm。

（3）由于楼梯间下部开门，故取第一跑步数多、第二跑步数少的两跑楼梯。步数多的第一跑取 9 步，第二跑取 7 步。二层以上则各取 8 步。

（4）楼梯段宽度 B_1 根据开间净尺寸确定：

开间净尺寸为 2 700−2×120 = 2 460（mm），取梯井为 160 mm，

楼梯段宽度 $B_1 = (2\,460 - 160) \div 2 = 1\,150$（mm）。

（5）确定休息板宽度 L_2：取 $L_2 = 1\,150 + 130 = 1\,280$（mm）。

（6）楼梯段投影长度的计算以最多步数的一段为准：$L_1 = 250 \times (9 - 1) = 2\,000$（mm）。

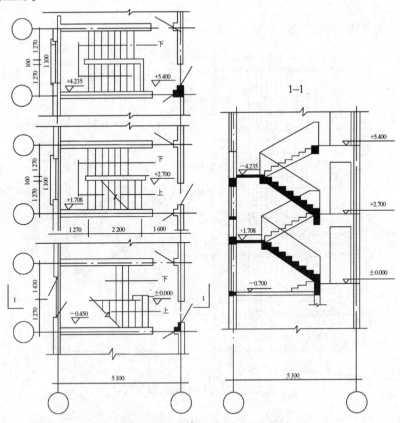

图 7.8　例 7.2 的平面、剖面图

（7）校核：进深净尺寸 $L=5\ 100-2\times120=4\ 860$(mm)。

$4\ 860-1\ 280-2\ 000-1\ 280=300$(mm)（这段尺寸可以放在楼层处），

高度尺寸：$168.75\times9=1\ 518.75$(mm)，

室内外高差 750 mm 中，700 mm 用于室内，50 mm 用于室外。

$1\ 518.75+700=2\ 218.75$ mm，此值大于 2 000 mm，满足开门梁下通行高度至少在 2 000 mm 以上的要求。

（8）画平面、剖面草图，如图 7.8 所示。

2）楼梯各部分的名称及尺寸

楼梯由三部分组成：楼梯段（跑）、休息板（平台）和栏杆扶手（栏板），如图 7.9 所示。

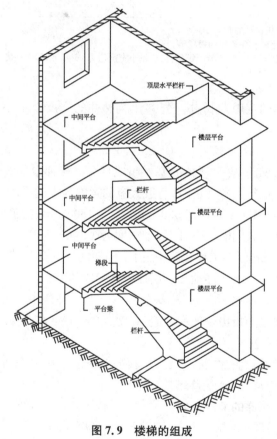

图 7.9　楼梯的组成

（1）踏步

踏步是人们上下楼梯脚踏的地方。踏步的水平面叫踏面，垂直面叫踢面。踏步的尺寸应根据人体的尺度来决定。

踏步宽常用 b 表示,踏步高常用 h 表示,b 和 h 应符合以下关系之一:

$b+h=450$ mm

$b+2h=600\sim620$ mm

踏步尺寸应根据使用要求确定,不同类型的建筑物其要求也不相同。表 7.2 为常用楼梯踏步的尺寸规定。

表 7.2　常用楼梯踏步尺寸　　　　　　　（单位:mm）

类别 楼梯	住宅	幼儿园	医疗、疗养院等	学校、办公楼等	剧院、会堂等
最小宽度值 b（常用宽度）	260（260～300）	260（260～280）	280（300～350）	260（280～340）	300（300～350）
最大高度值 h	180	150	160	170	200

注:① 上表选自《民用建筑设计通则》(GB 50352—2005)。
　② 专用楼梯指户外楼梯和住宅户内楼梯等。
　③《住宅设计规范》(GB 50096—2011)规定:踏步最小宽度值为 260 mm,最大高度值为 175 mm。

（2）梯井

两个楼梯之间的空隙叫梯井。公共建筑梯井的宽度以不小于 150 mm 为宜（根据消防要求确定）。

（3）楼梯段

楼梯段又叫楼梯跑,它是楼梯的基本组成部分。楼梯段的宽度取决于通行人数和消防要求。按通行人数考虑时,每股人流的宽度为人的平均肩宽(550 mm)再加少许提物尺寸(0～150 mm),即 550 mm＋(0～150 mm);按消防要求考虑时,每个楼梯段必须保证两人同时上下,即最小宽度为 1 100～1 400 mm,室外疏散楼梯的最小宽度为 900 mm。在工程实践中,由于楼梯间尺寸受到建筑模数的限制,因而楼梯段的宽度往往会上下浮动。多层住宅楼梯段的最小宽度为 1 000 mm。

楼梯段的最少踏步数为 3 步,最多为 18 步。公共建筑中的装饰性弧形楼梯可略超过 18 步,楼梯段的投影长度＝(踏步高度数量－1)×踏步宽度。

（4）楼梯栏杆和扶手

楼梯在靠近梯井处应加栏杆或栏板,顶部做扶手。扶手表面的高度与楼梯坡度有关,其计算点应从踏步前沿算起。

楼梯的坡度	扶手表面的高度
15°～30°	900 mm
30°～45°	850 mm
45°～60°	800 mm
60°～75°	750 mm

水平护身栏杆的高度应不小于 1 050 mm。

楼梯段的宽度大于 1 650 mm 时,应增设靠墙扶手;楼梯段的宽度超过 2 200 mm 时,还应增设中间扶手。

(5) 休息平台(休息板)

为了防止人们上下楼时过分疲劳,当建筑物层高在 3 m 以上时,常分为两个梯段,中间增设休息板,又称休息平台。休息平台的宽度必须大于或等于梯段的宽度。当楼梯的踏步数为单数时,休息平台的计算点应在梯段较长的一边。楼梯间房间的门距踏步宽度应取门扇宽再加 400~600 mm 的通行距离。为方便扶手转弯,休息平台宽度应取楼梯段宽度再加 1/2 踏步宽。

(6) 净高尺寸

楼梯休息平台上表面与下部通道处的净高尺寸不应小于 2 000 mm,楼梯之间的净高不应小于 2 200 mm,如图 7.10 所示。

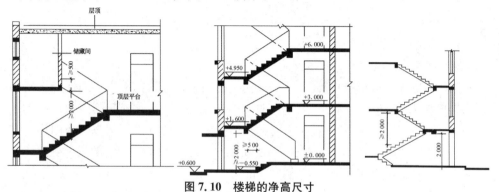

图 7.10 楼梯的净高尺寸

3) 楼梯的细部构造

(1) 踏步

踏步由踏面和踢面构成。为了增加踏步的行走舒适感,可将踏步突出 20 mm 做成凸缘或斜面(图 7.11)。

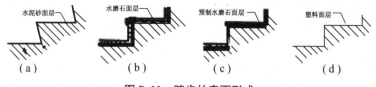

图 7.11 踏步的表面形式

底层楼梯的第一个踏步常做成特殊的样式,以增加美观感。栏杆或栏板也有变化,以增加多样感(图 7.12)。

踏步表面应注意防滑处理。常用的做法与踏步表面是否抹面有关。例如,一般水泥砂浆抹面的踏步常不做防滑处理,而水磨石预制板或现浇水磨石面层一般采用水泥加金刚砂做的防滑条或金属防滑条。

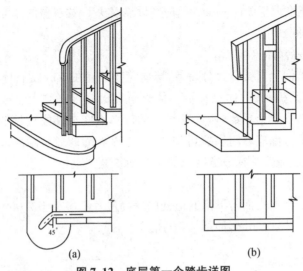

（a）   （b）

图 7.12　底层第一个踏步详图

（2）栏杆和栏板

栏杆和栏板均为保护行人上下楼梯安全的围护设施。在现浇钢筋混凝土楼梯中，栏板可以与踏步同时浇筑，厚度一般不小于 80～100 mm。若采用栏杆，应焊接在踏步表面的埋件上或插入踏步表面的预留孔中。栏杆可以采用方钢或圆钢。方钢的断面尺寸应在 16 mm×16 mm～20 mm×20 mm 之间，圆钢的尺寸在 $\phi16$～$\phi18$ 为宜。连接用的铁板尺寸应在 30 mm×4 mm～40 mm×5 mm 之间。

（3）扶手

扶手一般用木材、塑料、圆钢管等做成。扶手的断面大小应考虑人的手掌尺寸，并注意断面的美观。其宽度应在 60～80 mm 之间，高度应在 80～120 mm 之间。木扶手与栏杆的固定常用木螺丝拧在栏杆上部的铁板上，塑料扶手是卡在铁板上，圆钢管扶手则直接焊于栏杆表面上（图 7.13）。

扶手在休息板转弯处的做法与踏步的位置密切相关，图 7.14 介绍了几种不同的情况。

（4）首层第一个踏步下的基础

首层第一个踏步下应有基础支撑，基础与踏步之间应加设地梁。地梁的断面尺寸应不小于 240 mm×240 mm，梁长应等于基础长度（图 7.15）。

（5）顶层水平栏杆

顶层的楼梯间应加设水平栏杆，以保证人身安全。顶层栏杆靠墙处的做法是将铁板伸入墙内，并弯成燕尾形，然后浇灌混凝土（图 7.16），也可以将铁板焊于柱身铁件上。

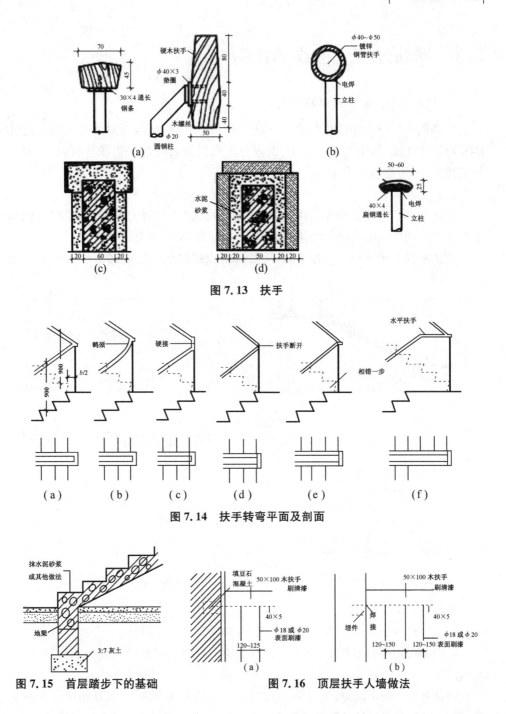

图 7.13 扶手

图 7.14 扶手转弯平面及剖面

图 7.15 首层踏步下的基础

图 7.16 顶层扶手人墙做法

7.3 钢筋混凝土楼梯的构造

1) 现浇钢筋混凝土楼梯的构造

现浇钢筋混凝土楼梯是在施工现场支模、绑钢筋和浇筑混凝土而成的。这种楼梯的整体性强,但施工工序多,工期较长。现浇钢筋混凝土楼梯有两种:一种是板式楼梯,一种是斜梁式楼梯。

(1) 板式楼梯

板式楼梯是将楼梯作为一块板考虑,板的两端支承在休息平台的边梁上,休息平台支承在墙上。板式楼梯的结构简单,板底平整,施工方便。

板式楼梯的水平投影长度在 3 m 以内时比较经济。板式楼梯的构造示意如图 7.17 所示。

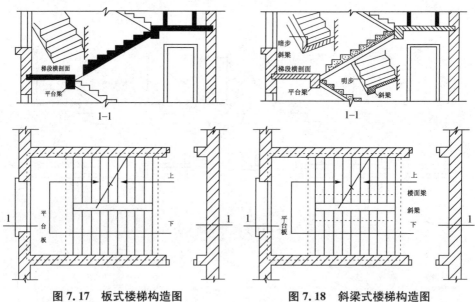

图 7.17 板式楼梯构造图　　图 7.18 斜梁式楼梯构造图

(2) 斜梁式楼梯

斜梁式楼梯是将踏步板支承在斜梁上,斜梁支承在平台梁上,平台梁再支承在墙上。斜梁可以在踏步板的下面、上面或侧面。斜梁式楼梯的构造示意如图 7.18 所示。

斜梁在踏步板上面时,可以阻止垃圾或灰尘从梯井中落下,而且楼梯段底面平整,便于粉刷,缺点是梁占据楼梯段的一段尺寸;斜梁在侧面时,踏步板在梁的中间,踏步板可以取三角形或折板形;斜梁在踏步的下边时,板底不平整,抹面比较费工。

2）装配式钢筋混凝土楼梯的构造

装配式钢筋混凝土楼梯是将楼梯分成休息板、楼梯梁、楼梯段三个组成部分。这些部分在加工厂或施工现场进行预制,施工时将这些预制构件进行装配、焊接。

目前,各地装配式钢筋混凝土楼梯的做法不尽一致,大体上可以归纳为以下几种:

（1）踏步式预制

这种楼梯的主要预制构件为 L 形或一字形踏步板,踏步板支承在墙上,随砌墙随安装。双跑楼梯应在楼梯间中间部位砌筑 240 mm 砖墙一道,代替梯井（图 7.19）。

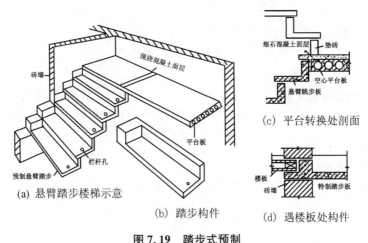

图 7.19　踏步式预制

预制踏步的构件小,便于制作安装,可以不用大型机械。施工时必须用支撑,以保证稳定。

（2）斜梁式预制

这种楼梯的预制构件由斜梁、踏步板、平台梁等组成。安装时先放置平台梁,再放斜梁,然后放置踏步板。斜梁可以做成锯齿形或无锯齿的平面形,踏步板与斜梁相配套。斜梁与平台用钢板焊接牢固（图 7.20）。

（3）梯段式预制

这种楼梯的预制构件有两种情况:一种是楼梯段和休息板的两段划分,另一种是楼梯段、楼梯梁、休息板的三段划分。

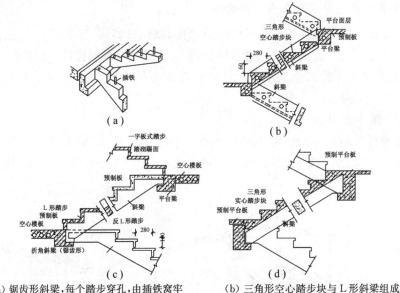

(a) 锯齿形斜梁,每个踏步穿孔,由插铁窝牢　　(b) 三角形空心踏步块与L形斜梁组成

(c) 正反L形踏步和一字形踏步锯齿形斜梁组成　　(d) 三角形踏步块与矩形斜梁组成

图 7.20　斜梁式预制

7.4　台阶及坡道

1) 台阶

台阶是联系室内外地坪或楼层不同标高处的做法。底层台阶要考虑防水、防冻,楼层台阶要注意与楼层结构的连接。

室内台阶踏步宽度不宜小于 300 mm,踏步高度不宜大于 150 mm,踏步数不宜少于 2 级。

室外台阶应注意室内外高差,其踏步尺寸可略宽于楼梯踏步尺寸。踏步高度常取 100~150 mm,宽度常取 300~400 mm。高宽比不宜大于 1:2.5。

台阶的长度应大于门的宽度,而且可做成多种形式(图 7.21)。

2) 坡道

在车辆经常出入或不适宜做台阶的部位,可采用坡道来进行室内和室外的联系。室内坡道的坡度不宜大于 1:8,室外坡道的坡度不宜大于 1:10,无障碍坡道的坡度为 1:12。一般安全疏散口,如剧场太平门的外面必须做坡道,而不允许做台阶。为了防滑,坡道面层可以做成锯齿形。

在人员和车辆同时出入的地方,可以将台阶与坡道同时设置,使人员和车辆各行其道(图 7.22)。

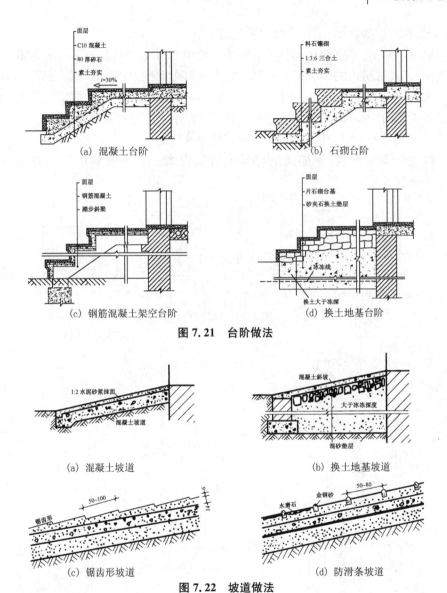

(a) 混凝土台阶

(b) 石砌台阶

(c) 钢筋混凝土架空台阶

(d) 换土地基台阶

图 7.21 台阶做法

(a) 混凝土坡道

(b) 换土地基坡道

(c) 锯齿形坡道

(d) 防滑条坡道

图 7.22 坡道做法

7.5 电梯与自动扶梯

1) 电梯

电梯是解决垂直交通的另一种措施,它运行速度快,可以节省时间和人力。在大型宾馆、医院、商店、政府机关办公楼可以设置电梯,对于高层住宅则应该根据层数、人数和面积来确定。一台电梯的服务人数在 400 人以上,服务面积在 550～

650 m²,建筑层数在 10 层以上时比较经济。

电梯由机房、井道和地坑三部分组成。在电梯井道内有轿厢和与轿厢相连的平衡锤,通过机房内的曳引机和控制屏进行操纵来运行人员和货物。

电梯井道可以用砖砌筑或用钢筋混凝土浇筑而成。在每层楼面应留出门洞,并设置专用门。在升降过程中,轿厢门和每层专用门应全部封闭,以保证安全。门的开启方式一般为中分推拉式或旁开的双折推拉式。

设置电梯的建筑,楼梯还应照常规做法设置。有关电梯的组成及结构见图 7.23～图 7.25。

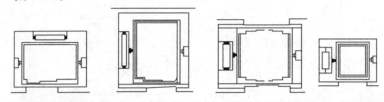

(a) 客梯(双扇推拉门) (b) 病床梯(双扇推拉门) (c) 货梯(中分双扇推拉门) (d) 小型杂物梯

图 7.23 电梯平面

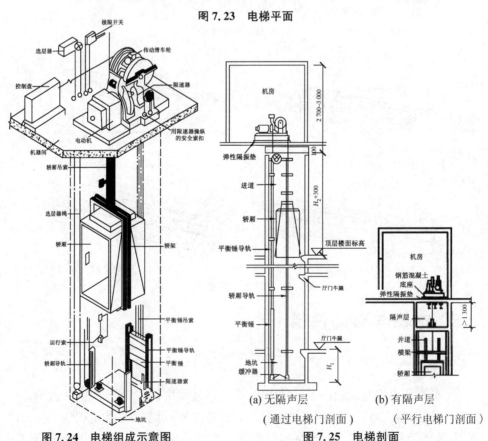

图 7.24 电梯组成示意图

(a) 无隔声层
(通过电梯门剖面)

(b) 有隔声层
(平行电梯门剖面)

图 7.25 电梯剖面

2）自动扶梯

自动扶梯由电动机械牵引,梯级踏步连同扶手同步运行,机房搁置在地面以下,自动扶梯可以正逆运行,既可以上升也可以下降。在机械停止运转时,可作为普通楼梯使用。图7.26～图7.28是自动扶梯的示意图。

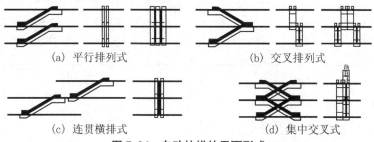

(a) 平行排列式 　　　　　　　　　(b) 交叉排列式

(c) 连贯横排式 　　　　　　　　　(d) 集中交叉式

图 7.26　自动扶梯的平面形式

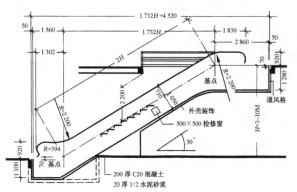

图 7.27　自动扶梯的基本尺寸

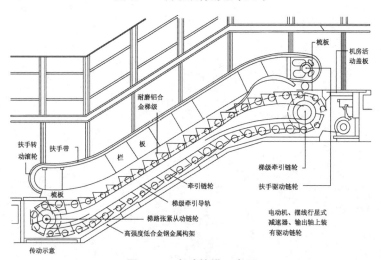

图 7.28　自动扶梯示意图

自动扶梯的坡度通常为 30°左右,自动扶梯的基本尺寸见图 7.27。

自动扶梯的型号规格见表 7.3。

表 7.3　自动扶梯型号规格(倾斜角均为 30°)

梯型	输送能力 (人/h)	提升高度 (m)	速度 (m/s)	楼梯宽度(mm)	
				净宽	外宽
单人	5 000	3～10	0.5	600	1 350
双人	8 000	3～8.5	0.5	1 000	1 750

复习思考题

1. 楼梯的设计要求有哪些?

2. 常见的楼梯有哪些? 特点如何?

3. 如何进行楼梯设计? 步骤是什么?

4. 楼梯由哪几部分组成,各有什么要求?

5. 现浇楼梯有哪几种? 各构造特点是什么?

6. 预制楼梯有哪几种? 各构造特点是什么?

7. 台阶的形式有哪几种? 台阶的构造要求有哪些?

8. 坡道的形式有哪几种?

9. 电梯由哪几部分组成,各有什么构造要求?

10. 自动扶梯的构造特点如何?

8 门窗构造

8.1 概述

1) 门窗的作用

窗是建筑物的重要组成部分。窗的作用是采光和通风,对建筑立面装饰也起到很大的作用,同时,也是围护结构的一部分。

窗的散热量约为围护结构散热量的 $2 \sim 3$ 倍。如 240 mm 墙体的 $K_0 = 1.8$ W/($m^2 \cdot$ K),365 mm 墙体的 $K_0 = 1.34$ W/($m^2 \cdot$ K),而单层窗的 $K_0 = 5.0$ W/($m^2 \cdot$ K),双层窗的 $K_0 = 2.3$ W/($m^2 \cdot$ K)。

为减少散热量,《严寒和寒冷地区居住建筑节能设计标准》(JGJ26—2010)规定:采暖度日数 Ddi<2 200 的地区,各向均可采用单层金属窗;3 500>Ddi≥2 200 的地区,北向采用双层金属窗,其余各向可采用单层金属窗;Ddi≥3 500 的地区各向均应采用双层金属窗。

门也是建筑物的重要组成部分,是人们进出房间和室内外的通行口,也兼有采光和通风的作用。门的立面形式在建筑装饰中也是一个重要方面。

2) 门窗的材料

当前门窗的材料有木材、钢材、彩色钢板、铝合金、塑料、玻璃钢等多种。钢门窗有实腹、空腹、钢木等。塑料门窗有塑钢、塑铝、纯塑料等。为节约木材一般不应采用木材做外窗。潮湿房间更不宜用木门窗,也不应采用胶合板或纤维板制作门窗。为节约木材住宅内门可采用钢框木门(纤维板门芯)。大于 5 m^2 的木门应采用钢框加斜撑的钢木组合门。

空腹钢门窗具有省料、刚度好等优点,但由于运输、安装产生的变形很难调直,会使门关闭不严。空腹钢门窗内壁应做防锈处理,在潮湿房间不应采用。实腹钢门窗的性能优于空腹钢门窗,但应用于潮湿房间时应采取防锈措施。空腹钢门窗在一些地区已被淘汰。

铝合金门窗具有关闭严密、质轻、耐水、美观、不锈蚀等优点,但造价较高。在涉外工程、重要建筑、美观要求高、精密仪器室等建筑中经常采用铝合金门窗。

塑料门窗具有质轻、刚度好、美观光洁、不需油漆、质感亲切等优点,但造价偏高,最适合于严重潮湿房间和海洋气候地带使用以及室内玻璃隔断。为延长寿命,亦可在塑料型材中加入型钢或铝材,成为塑钢断面或塑铝断面。

3) 窗洞口大小的确定

窗洞口大小的确定方法有两种,一种是窗地比(采光系数),另一种是玻地比。

(1) 窗地比

窗地比是窗洞口面积与房间净面积之比。主要建筑的窗地比最小值详见表8.1。

表 8.1 窗地比最小值

建筑类别	房间或部位名称	窗地比
宿舍	居室、管理室、公共活动室、公用厨房	1/7
住宅	卧室、起居室、厨房 厕所、卫生间、过厅 楼梯间、走廊	1/7 1/10 1/14
托幼	音体活动室、活动室、乳儿室 寝室、喂奶室、医务室、保健室、隔离室 其他房间	1/7 1/6 1/8
文化馆	展览大厅、书法室、美术室 游艺厅、文艺厅、音乐厅、舞蹈厅、戏曲室、排练室、教室	1/4 1/5
图书馆	阅览室、装裱间 陈列室、报告厅、会议室、开架书库、视听室 闭架书库、走廊、门厅、楼梯、厕所	1/4 1/6 1/10
办公	办公室、研究室、接待室、打字室、陈列室、复印室、设计绘图室、阅览室	1/6

《民用建筑热工设计规范》(GB 50176—2016)中规定:居住建筑各朝向的窗墙面积比,北向不大于0.25;东、西向不大于0.30;南向不大于0.35。

窗墙面积比指窗洞口面积与房间立面单元面积(层高与开间定位线围成的面积)的比值。

(2) 玻地比

窗玻璃面积与房间净面积之比叫玻地比。采用玻地比确定窗洞口大小时还需要除以窗子的透光率。透光率是窗玻璃面积与窗洞口面积之比。钢窗的透光率为80%~85%,木窗的透光率为70%~75%。

采用玻地比确定窗洞口面积的方法只适用于中小学校,其最小数值如下:

教室、美术教室、书法教室、语音教室、音乐教室、合班教室及阅览室　　　1/6

实验室、自然教室、计算机教室、琴房　　　　　　　　　　　　　　　　　1/6

办公室、保健室　　　　　　　　　　　　　　　　　　　　　　　　　　　1/6

饮水处、厕所、淋浴室、走道、楼梯间

下面通过两个实例说明窗地比与玻地比的应用。

【例 8.1】 住宅中南向居室窗,居室的开间尺寸为 3 300 mm,进深尺寸为 5 100 mm,层高为 2 700 mm,外墙厚 360 mm(偏中),内墙厚 240 mm(居中)。试确定洞口大小并选择窗型。

【解】 (1) 求房间净面积

$(3\ 300-2\times120)\times(5\ 100-2\times120)=14\ 871\ 600(mm)^2(14.87\ m^2)$

(2) 求窗洞口面积

$14.87\times1/7=2.12(m^2)$

(3) 分析相关的层高尺寸

2 700 mm 中应扣除窗台所占尺寸 850 mm 和窗上口所占尺寸 450 mm,因此窗洞口高度只能选取 1 400 mm。

(4) 分析相关的开间尺寸

由于在抗震设防地区的窗间垛必须保证 1 200 mm,这样窗洞口宽度的最大值为 2 100 mm。

(5) 求住宅南墙的最大开洞率

$2\ 700\times300\times0.35=3\ 118\ 500(mm^2)(3.12\ m^2)$

(6) 分析相关数字

窗洞口的最小值为 2.12 m²,最大值为 3.12 m²,考虑抗震要求,洞口的取用值为 $1\ 800\times1\ 400=2\ 520\ 000(mm^2)(2.52\ m^2)$。

(7) 确定洞口的最后取值

通过上述分析,窗洞口最后取值为 1 800 mm×1 400 mm。窗号为 60GC 或 60C。

【例 8.2】 学校教室,有尺寸为 3 000 mm 的开间共 3 间,进深尺寸为 6 000 mm,玻地比为 1/6,层高为 3 600 mm,外墙厚 360 mm(偏中),内墙厚 240 mm(居中)。试确定洞口大小并选择窗型。

【解】 先将单位 mm 转换成 m。

(1) 求房间净面积

$(9.00-0.24)\times(6.00-0.24)=50.45(m^2)$

(2) 求窗玻璃净面积

$50.45\times1/6=8.41(m^2)$

(3) 求窗洞口的尺寸

若选钢窗,则洞口尺寸为 $8.41\div0.8=10.51(m^2)$;若选木窗,则洞口尺寸为 $8.41\div0.7=12.01(m^2)$。其中 0.8 为钢窗的透光率,0.7 为木窗的透光率。

（4）按 3 个窗来选择窗洞口

每个钢窗的洞口尺寸为 10.51÷3＝3.50（m²）；每个木窗的洞口尺寸为12.01÷3＝4.00（m²）。

（5）分析相关的层高尺寸

3 600 mm 中应扣除窗台所占尺寸 900 mm 和窗上口所占尺寸 600 mm，所以窗洞口高度尺寸为 2 100 mm。

（6）分析相关的开间尺寸

由于在抗震设防地区的窗间垛必须保证 1 200 mm，这样窗洞口宽度的最大值为 1 800 mm。

（7）确定窗洞口尺寸

根据以上分析，窗洞口尺寸为 1 800 mm×2 100 mm，面积为 3.78 m²，若选钢窗能满足要求，选木窗则稍差。窗号为 67GC 或 67C。

4）窗的常用尺寸及代号

窗的基本代号为：木窗 C、钢窗 GC、内开窗 NC、阳台钢连门窗 GY。

（1）外平开钢窗

外平开钢窗的宽度尺寸有 600 mm、900 mm、1 200 mm、1 500 mm、1 800 mm、2 100 mm 六种，高度尺寸有 600 mm、900 mm、1 200 mm、1 400 mm、1 500 mm、1 800 mm、2 100 mm 七种（均为洞口尺寸），其编号方法详见表 8.2。

表 8.2　窗的代号表

高度(mm) ＼ 宽度(mm)	600	900	1 200	1 500	1 800	2 100
600	22GC	32GC	42GC	52GC	62GC	72GC
900	23GC	33GC	43GC	53GC	63GC	73GC
1 200	24GC	34GC	44GC	54GC	64GC	74GC
1 400	20GC	30GC	40GC	50GC	60GC	70GC
1 500	25GC	35GC	45GC	55GC	65GC	75GC
1 800	26GC	36GC	46GC	56GC	66GC	76GC
2 100	27GC	37GC	47GC	57GC	67GC	77GC

外平开钢窗的基本编号后还有一些附加小号或附加字体，其含义为：

22GC 左、22GC 右：表明单扇钢窗左安装或右安装，其判断方式为外立面。

50GC1：表明这种窗型有上亮子。

50GC2：表明这种窗型为大块玻璃。

50GC3：表明这种窗型有下亮子。

（2）阳台连门窗

阳台连门窗的宽度尺寸有 1 200 mm、1 500 mm、1 800 mm、2 100 mm 四种，高度有 2 250 mm（用于住宅层高为 2 700 mm 时）和 2 400 mm（用于住宅层高为 2 900 mm 时）两种。上述尺寸为洞口尺寸，其编号方法见表 8.3。

表 8.3 阳台连门窗的代号

宽度(mm) 高度(mm)	1 200	1 500	1 800	2 100
2 250	422GY 左(右)	522GY 左(右)	622GY 左(右)	722GY 左(右)
2 400	48GY 左(右)	58GY 左(右)	68GY 左(右)	78GY 左(右)

阳台连门窗的基本编号后还有一些附加小号或附加字体，其含义为：

522GY 左、522GY 右：表明阳台门在左或在右，其判断方式为外立面。

48GY1 左、48GY1 右：表明阳台窗为大块玻璃。

48GY3 左、48GY3 右：表明阳台窗有下亮子。

（3）密闭钢窗

密闭钢窗的洞口尺寸与外平开钢窗相同，其编号方法有：

MC 左、MC 右：表明密闭窗左安装或右安装，其判断方法为外立面。

M1：表明密闭窗有上亮子。

M2：表明密闭窗为大块玻璃。

M3：表明密闭窗有下亮子。

（4）通廊组合内开空腹钢窗

通廊组合内开空腹钢窗主要应用于高层建筑的外廊连通层，其高度为 1 400 mm，宽度应符合模数要求。如 3314JC1 或 3314C，其中 33 表示洞口宽度是 3 300 mm，14 表示洞口高度是 1 400 mm，JC1 为保温窗 1 型，C 为单玻窗。

5）窗的选用与布置

（1）窗的选用

窗的选用应注意以下几点：

① 面向外廊的居室、厨厕窗应向内开，或在人的高度以上外开，并应考虑防护安全及密闭性要求。

② 低层、多层、高层的所有民用建筑，除高级空调房间外（确保昼夜运转）均应设纱扇，并应注意防止走道、楼梯间、次要房间由于漏装纱扇而进蚊蝇的现象发生。

③ 高温、高湿及防火要求高时不宜用木窗。

④ 用于锅炉房、烧火间、车库等处的外窗可不装纱扇。

（2）窗的位置

窗的布置应注意以下几点：

① 楼梯间外窗应考虑各层圈梁的走向，避免冲突。

② 楼梯间外窗做内开扇时，开启后不得在人的高度内突出墙面。

③ 窗台高度根据工作面需要确定，一般不宜低于工作面（900 mm）。如果窗台过高或在上部开启时，为开启方便可加设开闭设施。

④ 需做暖气片时，窗台板下净高、净宽尺寸需满足暖气片及阀门操作的空间需要。

⑤ 窗台高度低于 800 mm 时，需有防护措施。窗前有阳台或大平台时可以除外。

⑥ 错层住宅屋顶不上人处尽量不设窗，如果因为采光或检修需要而设窗时，应有可锁启的铁栅栏，以免儿童上屋顶发生事故，并可以减少屋面损坏及相互串通。

6）门洞口大小的确定

门也是建筑物中的重要组成部分，是人们进出房间和室内外的通行口，也兼有采光和通风作用；门的立面形式在建筑装饰中也是一个重要方面。

一个房间应该开几个门，每个建筑物门的总宽度应该是多少，一般是由交通疏散的要求和防火规范来确定的，设计时应按照规范来选取。一般规定：公共建筑安全出入口的数目应不少于两个；但房间面积在 60 m² 以下，人数不超过 50 人时，可只设一个出入口。

对于低层建筑，每层面积不大，人数也较少的，可以设一个通向户外的出口。门的宽度也要符合防火规范的要求。对于人员密集的剧院、电影院、礼堂、体育馆等公共场所的疏散门宽度，一般情况下每百人取 0.65～1.0 m；当人员较多时，出入口应分散布置。对于学校、商店、办公楼等民用建筑的门宽，可以按照表 8.4 确定。表中所列数值均为最低要求，在实际确定门的数量和宽度时，还要考虑到通风、采光、交通及搬运家具、设备等要求。

表 8.4　楼梯和门的宽度指标　（单位：m/百人）

层数	耐火等级 一、二级	三级	四级
1，2	0.65	0.75	1.00
3	0.75	1.00	—
≥4	1.00	1.25	—

注：① 计算疏散楼梯的总宽度时应按本表分层计算，当每层人数不等时，其总宽度可分层计算，下层楼梯的总宽度按其上层人数最多一层的人数计算。

　　② 底层外门的总宽度应按该层或该层以上人数最多的一层计算，供楼上人员疏散的外门，可按本层人数计算。

门的最小宽度取值为：

住宅户门:1 000 mm

住宅居室门:900~1 000 mm

住宅厨、厕门:750 mm

住宅阳台门:1 200 mm

住宅单元门:1 200 mm

公共建筑外门:1 200 mm

7）门的常用尺寸及代号

门的基本代号为:木门 M、钢木门 GM、钢框木门 G。上述三种门的洞口尺寸基本一致。

（1）常用尺寸

门的宽度有 750 mm、900 mm、1 000 mm、1 100 mm、1 200 mm、1 500 mm、1 800 mm、2 400 mm、2 700 mm、3 000 mm。其中 750 mm、900 mm、1 000 mm 为单扇门,1 100 mm 为大小扇门,1 200 mm、1 500 mm、1 800 mm 为双扇门,2 400 mm、2 700 mm、3 000 mm 为四扇门。

门的高度有 2 000 mm、2 100 mm、2 400 mm、2 700 mm、3 000 mm、3 300 mm。其中 2 000 mm、2 100 mm 为无上亮子门,2 400 mm、2 700 mm、3 000 mm、3 300 mm 为有上亮子门。

（2）门的代号

为表明门的构造做法,常用一些附加的小号来代表门的类型（见表 8.5）。如北京地区的木门,M1 为纤维板面板门,M2 为半截玻璃门,M3 为玻璃带纱门,M4 为弹簧门,M5 为中小学专用门,M6 为拼板门,M7 为壁橱门,M8 为平开木大门,M9 为推拉大木门,M10 为变电室门,M11 为隔音门,M12 为储藏门,M13 为机房门,M14 为浴厕隔断门,M15 为围墙大门。

如:58M4 表示 1 500 mm×2 400 mm 的双扇弹簧木门,19M1 表示 1 000 mm×2 700 mm 的有上亮子的单扇纤维板门。

前已述及"G"表示钢框木门,其后面的数字单号为左安装、双号为右安装,判断方式为进门时门的所在位置。如:31G11 表示 900 mm×2 000 mm 的单扇门,左安装。

表 8.5　门的代号

宽度(mm) 高度(mm)	750	900	1 000	1 100	1 200	1 500	1 800	2 400	2 700	3 000
2 000	02	32	19	112	42	52	62			
2 100			17	117	47	57	67			
2 400	08	38	18	118	48	58				
2 700		39	19	119	49	59	69	89	99	109
3 000						510	610	810	910	1 010
3 300										1 011

8) 门的选用与布置

(1) 门的选用

门的选用应注意以下几点：

① 一般公共建筑经常出入的向西或向北的门,应设置双道门或门斗。外面的一道用外开门,里面的一道宜用双面弹簧门或电动推拉门。

② 湿度大的门不宜选用纤维板门或胶合板门。

③ 大型营业性餐厅至备餐间的门宜做成双扇上下行的单面弹簧门,带小玻璃。

④ 体育馆内运动员经常出入的门,门扇净高不得低于 2 200 mm。

⑤ 托幼建筑的儿童用门不得选用弹簧门,以免挤手碰伤。

⑥ 所有的门若无隔音要求,不得设门槛。

(2) 门的布置

门的布置应注意以下几点：

① 两个相邻并经常开启的门应避免开启时相互碰撞。

② 向外开启的平开外门应有防止风吹碰撞的措施。如将门退进墙洞,或设门挡风钩等固定措施,并应避免开足时与墙垛腰线等突出物碰撞。

③ 门开向不宜朝西或朝北。

④ 门框立口宜立墙里口(内开门)、墙外口(外开门),也可立中口(墙中),确定依据为:使用方便,满足装修要求和连接牢固。

⑤ 凡无间接采光通风要求的套间内门,不需设上亮子,也不需设纱扇。

⑥ 经常出入的外门宜设雨罩,楼梯间外门雨罩下设吸顶灯时应防止被门扉碰碎。

⑦ 变形缝外不得利用门框盖缝,门扇开启时不得跨缝。

⑧ 住宅内门的位置和开向应结合家具布置情况予以考虑。

8.2　窗的种类和构造

1) 窗的种类

窗的类型很多,根据开启形式和使用材料的不同,可以分为以下几种：

(1) 按开启形式分(见图 8.1)

① 平开窗。这是使用最广泛的一种窗,既可以内开,也可以外开。

• 内开窗。玻璃窗扇开向室内。这种做法的优点是便于安装、修理、擦洗,在风雨侵袭时不易损坏;缺点是纱窗在外,容易锈蚀,不易挂窗帘,并且占据室内部分空间。这种做法适用于墙体较厚或某些要求内开(如中小学)的建筑中。

• 外开窗。玻璃窗扇开向室外。这种做法的优点是不占室内空间,但这种窗的安装、修理、擦洗都不方便,而且容易受风的袭击,易碰坏。高层建筑中应尽量少用。

② 推拉窗。这种做法的优点是不占空间。一般分左右推拉窗和上下推拉窗。左右推拉窗比较常见,构造简单;上下推拉窗是用重锤通过钢丝绳平衡窗扇,构成较复杂。

③ 旋转窗。这种窗的特点是窗扇沿水平轴旋转开启。根据旋转轴的安装位置,分为上悬窗、中悬窗、下悬窗,也可以沿垂直轴旋转而成为垂直旋转窗。

④ 固定窗。固定窗只供采光、不能通风。

⑤ 百叶窗。百叶窗是一种由斜木片或金属片组成的通风窗,多用于有特殊要求的部位。

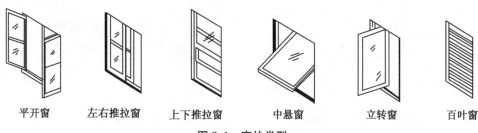

| 平开窗 | 左右推拉窗 | 上下推拉窗 | 中悬窗 | 立转窗 | 百叶窗 |

图 8.1 窗的类型

（2）按材料分

① 木窗。木窗由含水率在 18% 左右的不易变形的木料制成,常用的有松木或与松木近似的木料。木窗加工方便,过去使用比较普遍。其缺点是不耐久,容易变形。

② 钢窗。钢窗是用热轧特殊断面的型钢制成的窗。断面有实腹与空腹两种。钢窗耐久、坚固、防火,有利于采光,可以节省木材。其缺点是关闭不严、空隙大,现在已基本不用,特别是空腹钢窗将逐步取消。

③ 钢筋混凝土窗。这种窗的窗框部分用钢筋混凝土做成,窗扇部分则采用木材或钢材,制作比较麻烦。

④ 塑料窗。这种窗的窗框与窗扇部分均由硬质塑料构成,其断面为空腹形,一般采用挤压成型。由于抗老化、易变形等问题已基本解决,故应该大力推广。

⑤ 铝合金窗。这是一种新型窗,主要用于商店橱窗等。铝合金指铝镁硅合金,表面呈银白色或深青铜色,其断面亦为空腹形,但造价较高。

2) 窗的构造

（1）窗的部位名称

不论材料如何，窗一般均由窗框与窗扇两部分组成。下面以木窗为例，说明各组成部分的名称及断面形状。

窗框分为上槛、下槛（腰槛）、边框、中框等部分，其断面如图 8.2 所示。

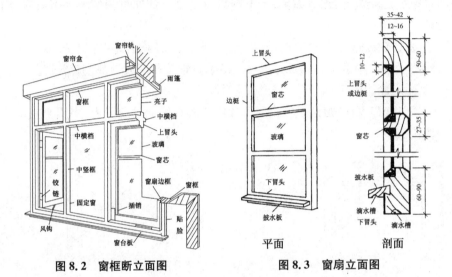

图 8.2　窗框断立面图　　　　图 8.3　窗扇立面图

窗框的断面形状和尺寸与窗扇的层数、窗扇厚度、开启方式、裁口大小和当地风力有关。单层窗框的断面约为 60 mm×80 mm，双层窗框约为 100 mm×120 mm，裁口宽度应稍大于窗扇厚度，深度应为 10～12 mm。

图 8.3 为窗扇的立面图，它由上冒头、下冒头、窗棂子、边框等部分组成。

窗扇的断面形状和尺寸与窗扇的大小、立面划分、玻璃厚度及安装方式有关。边梃和冒头的断面约为 40 mm×55 mm。窗棂子的断面为 40 mm×30 mm。窗扇的裁口宽度在 15 mm 左右，裁口深度在 8 mm 以上。纱扇的断面略小于玻璃扇。

常用开启线来准确表达窗子的开启方式。开启线为人站在窗的外侧看窗，实线为玻璃扇外开，虚线为玻璃扇内开，线条的交点为合页的安装位置。

（2）窗的安装

窗的安装包括窗框与墙的安装和窗扇与窗框的安装两部分。

窗框与墙的安装分立口与塞口两种。立口是先立窗口，后砌墙体。为使窗框与墙连接牢固，应在窗口的上下槛各伸出 120 mm 左右的端头，俗称"羊角头"。这种连接的优点是结合紧密，缺点是影响砖墙砌筑速度。塞口是先砌墙，预留窗洞口，砌墙时预埋木砖。木砖的尺寸为120 mm×120 mm×60 mm，木砖表面应进行防腐处理。防腐处理的方法,一种是刷煤焦油,另一种是表面刷氟化钠溶液。氟化钠溶液是无色液体,施工时常增加少量氧化铁红(俗称"红土子"),以辨认木砖是否进行过防腐处理。木砖沿窗高每 600 mm 预留一块,但不论窗高尺寸如何,每侧均应预留两块;超过 1 200 mm 时,再按 600 mm 递增。为保证窗框与墙洞之间的严密,其缝隙应用沥青浸透的麻丝或毛毡塞严(图 8.4,图 8.5)。窗扇与窗框的连接则是通过铰链(俗称"合页")和木螺丝来实现的。

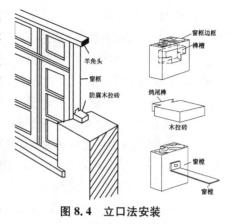

图 8.4　立口法安装

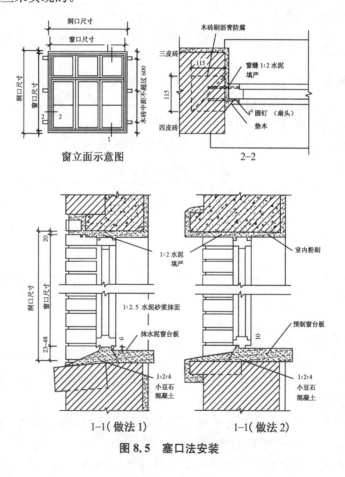

图 8.5　塞口法安装

（3）窗的五金零件

窗的五金零件有铰链、插销、窗钩、拉手、铁三角等。

① 铰链。又称合页，是窗扇和窗框的连接零件，窗扇可绕铰链轴转动。铰链分固定和抽心两种。抽心铰链装卸窗扇方便，便于维修和擦洗玻璃。常用的铰链规格有 50 mm、75 mm、100 mm 等几种，按窗扇大小选用。中间固定、左右内开的三扇窗，为使两扇内开的窗扇相互叠合，可采用特制的长脚合页。

② 插销。窗扇关闭后由窗扇上部和下部的插销固定在窗框上，常用的插销规格有 100 mm、125 mm、150 mm 等几种。

③ 挺钩。又叫窗钩或风钩，用来固定开启后窗扇的位置。小窗可用 50 mm、75 mm，大窗可用 125 mm、150 mm 等规格。

④ 拉手。窗扇边框的中部可安装拉手，以利开关窗扇，其长度一般为 75 mm。拉手有弓背和空心两种。

⑤ 铁三角。用来加固窗扇的窗梃和连接上下冒头。常用的规格有 75 mm、100 mm 两种。

⑥ 木螺丝。用来把五金零件安装于窗的有关部位。木螺丝有 20 mm、25 mm、30 mm、40 mm、50 mm 等规格。

⑦ 窗纱。窗纱为铁纱，规格为 16 目（每 1 cm² 有 16 孔）。

⑧ 玻璃。玻璃厚度为 2～5 mm，有关数据详见表 8.6。

表 8.6　木窗玻璃参考表

玻璃厚度 （mm）	开扇每块玻璃的 最大面积（m²）	固定扇每块玻璃的 最大面积（m²）	每块玻璃最长 边尺寸（mm）
2	0.35	0.45	900
3	0.55	0.70	1 200
5	>0.55	>0.70	>1 200

钢窗玻璃一般用 3 mm 厚的玻璃，当长度大于 1.2 m 时宜采用 5 mm 厚的玻璃。

（4）钢窗的构造

钢窗框与墙的连接是通过墙上预留的凹槽，把钢窗连接件伸入凹槽内，用 1∶3 的水泥砂浆卧牢。也可以在墙上预留埋件，通过焊接把钢窗框焊在埋件上（图 8.6）。

（5）窗的附件

① 压缝条。这是 10～15 mm 见方的小木条，用于填补窗安装于墙中产生的缝隙，以保证室内的正常温度（图 8.7）。

② 贴脸板。用来遮挡靠墙里皮安装窗扇产生的缝隙，其形状及安装方法如图 8.8 所示。

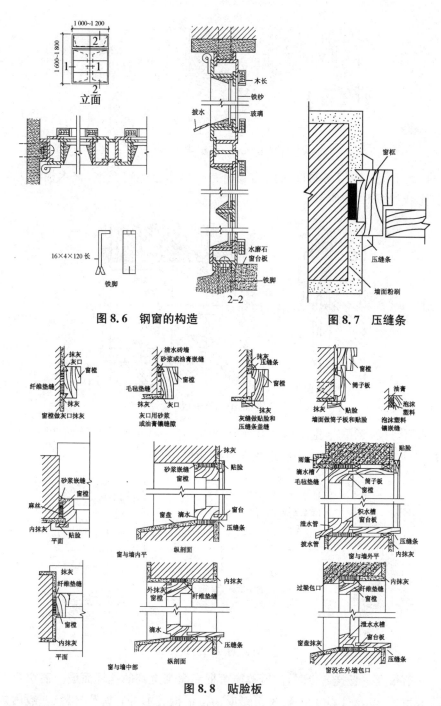

图 8.6 钢窗的构造

图 8.7 压缝条

图 8.8 贴脸板

③ 拔水条。这是内开玻璃窗为防止雨水流入室内而设置的挡水条,其形状及安装方法如图 8.9 所示。

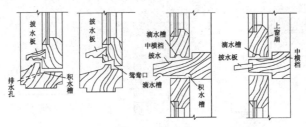

图 8.9　披水条

④ 筒子板。在门窗洞口的外侧墙面一般用木板包钉镶嵌,该木板称为筒子板,其形状如图 8.10 所示。

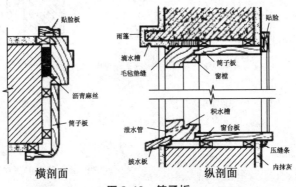

图 8.10　筒子板

⑤ 窗台板。在窗下槛内侧设窗台板,板厚 30～40 mm,挑出墙面 30～40 mm。窗台板可以采用木板、水磨石板或大理石板(图 8.11)。

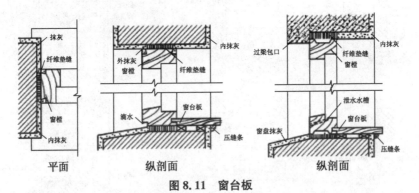

图 8.11　窗台板

⑥ 窗帘盒。悬挂窗帘时,为掩蔽窗帘棍和窗帘上部的挂环而设。窗帘盒三面用 25 mm×(100～150 mm)的木板镶成。窗帘棍有木、铜、铁等材料,一般用角钢或钢板伸入墙内,如图 8.12 所示。

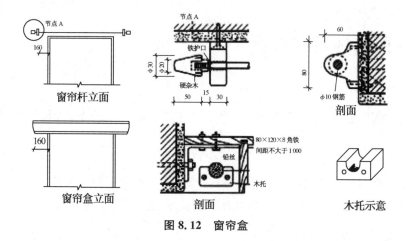

图 8.12 窗帘盒

（6）窗的遮阳措施

① 遮阳的作用

遮阳是为了防止阳光直接射入室内,减少进入室内的太阳辐射热量,特别是避免局部过热和产生眩光,以利保护物品而采取的一种建筑措施。北方地区以防止西晒为主。除建筑上采取相应的措施外,还可以通过绿化或简易遮阳措施来实现。在建筑构造中遮阳措施有挑檐、外廊、阳台、花格等做法。

② 窗子遮阳板的基本形式（图 8.13）

· 水平遮阳。这种做法能够遮挡高度角较大的、从窗口上方射下来的阳光,它适用于南向窗口。

· 垂直遮阳。它能够遮挡高度角较小的、从窗口侧边斜射进来的阳光;对高度角较大的、从窗口上方照射下来的阳光,或接近日出日落时对窗口正射的阳光,它不起遮挡作用。所以,主要适用于偏东、偏西的南向或北向及其附近的窗口。

· 综合遮阳。它是以上两种做法的综合,能够遮挡从窗台左右侧及前上方斜射下来的阳光,遮阳效果比较均匀。主要适用于南、东南及其附近的窗口。

· 挡板遮阳。它能够遮挡高度角较小的、正射窗口的阳光,主要适用于东向、西向及其附近的窗口。

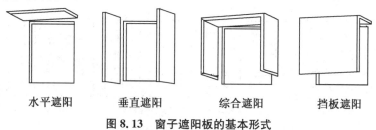

水平遮阳   垂直遮阳   综合遮阳   挡板遮阳

图 8.13 窗子遮阳板的基本形式

8.3 门的种类和构造

1) 门的种类

门的类型很多,由于开启形式、所用材料、安装方式的不同,可以分为以下几种:

(1) 按开启形式分

① 平开门。平开门可以内开或外开,作为安全疏散门时一般应外开。在寒冷地区,为满足保温要求,可以做成内、外开的双层门。需要安装纱门的建筑,纱门与玻璃门为内、外开。

② 弹簧门。又称自由门,分为单面弹簧门和双面弹簧门两种。这种门主要用于人流出入频繁的地方,但托儿所、幼儿园等类型建筑中儿童经常出入的门不可采用弹簧门,以免碰伤小孩。弹簧门有较大的缝隙,冬季冷风吹入不利于保温。

③ 推拉门。这种门悬挂在门洞口上部的支承铁件上,然后左右推拉。其特点是不占室内空间,但封闭不严,在民用建筑中采用较少。电梯门多用推拉门。

④ 转门。这种门成十字形,安装于圆形的门框上,人进出时推门缓缓行进。这种门的隔绝能力强、保温、卫生条件好,常用于大型公共建筑的主要出入口。

⑤ 卷帘门。常用作商店橱窗或商店出入口外侧的封闭门。

⑥ 折门。又称折叠门。门关闭时,几个门扇靠拢在一起,可以少占有效面积。

图 8.14 是几种门的外观图。

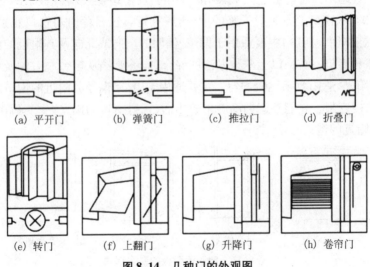

(a) 平开门　　(b) 弹簧门　　(c) 推拉门　　(d) 折叠门

(e) 转门　　(f) 上翻门　　(g) 升降门　　(h) 卷帘门

图 8.14　几种门的外观图

（2）按材料分

① 木门。木门使用比较普遍，但重量较大，有时容易下沉。门扇的做法很多，如拼板门、镶板门、胶合板门、半截玻璃门等。

② 钢门。采用钢框和钢扇的门，用量较少。有时仅用于大型公共建筑和纪念性建筑中。但钢框木门目前已广泛应用于住宅等建筑中。

③ 钢筋混凝土门。这种门较多用于人防地下室的密闭门。其缺点是自重大，必须妥善解决连接问题。

④ 铝合金门。这种门主要用于商业建筑和大型公共建筑的主要出入口。表面呈银白色或深青铜色，给人以轻松、舒适的感觉。

（3）满足特殊要求的门

这种门的类型很多，如用于通风、遮阳的百叶门，用于保温、隔热的保温门，用于隔声的隔声门，以及防火门、防爆门等多种。

2）门的各部分名称

门不论采用什么材料，一般均由门框与门扇组成。下面以木门为例，说明各组成部分的名称及断面形状。

图 8.15 为门框的立面图，由上槛、腰槛、边框、中框等部分组成。

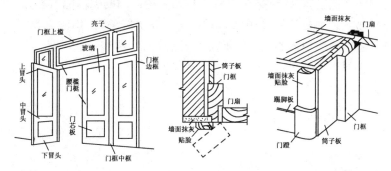

图 8.15 门框的立面图

门框的断面形状和尺寸由门扇的尺寸、开启方式、裁口大小等决定。门框的最小断面为 45 mm×90 mm，裁口宽度应稍大于门扇厚度，裁口深度为 10～12 mm。镶板门门扇的立面，由上冒头、下冒头、门棂子、边框等组成。门扇断面形状和尺寸与门扇的大小、立面划分、安装方式有关。边框和上冒头的尺寸一般相等，其断面约为 45 mm×90 mm。下冒头的断面约为 45 mm×140 mm。

常用开启线来准确表达门的开启方式，其意义与窗相同。

3）门的构造

（1）一般构造

① 门的安装。门的安装包括门框与墙体的连接和门扇与门框的连接两部分，其做法与窗相似。

② 门的五金零件。门的五金零件和窗相似，有铰链、拉手、插销、铁三角等，但规格较大。此外，还有门锁、门轧头、插销、弹簧合页等。

③ 玻璃。木门玻璃的厚度一般为 3 mm 和 5 mm，有关数据详见表 8.7。

表 8.7　木门玻璃参考表

玻璃厚度 （mm）	开启门扇的每块玻璃		固定门扇最大 玻璃面积（m²）
	最大面积（m²）	最长边尺寸（m）	
3	0.35	800	0.65
5	＞0.35	＞800	＞0.65

（2）各种门的构造

① 夹板门。一般用于内门，但浴室、厨房等潮湿房间不宜采用。夹板门是由方木组成的木骨架两面贴以三夹板（或五夹板）形成的。为使夹板门内保持干燥，可在骨架内的横档上留 $\phi 4 \sim \phi 6$ 的小孔。如需要提高门的保温隔音性能，可在夹板中间填入矿物毡。夹板门构造简单，表面平整，开关轻便，但不耐潮湿和日晒。夹板门上可以做小玻璃窗或百叶窗（图 8.16）。当前一些城市为节约木材采用纤维板代替三夹板制作纤维板门。

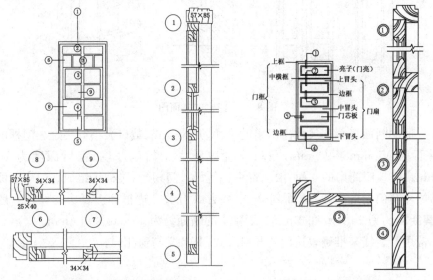

图 8.16　夹板门的构造　　　　图 8.17　镶板门的构造

② 镶板门。这种门由上、中、下冒头和边框组成门框,在框内镶入门芯板做成。也可以镶入玻璃,形成玻璃门。门芯板采用木板、胶合板、纤维板制成。下冒头的断面较上冒头大,底部应留有 5 mm 的空隙。镶板门可用于室内或室外(图 8.17)。

③ 拼板门。这种门较多地用于外门或贮藏室、仓库,其做法与镶板门类似,制作时先做木框,然后将木拼板镶入。木拼板可以用 15 mm 厚的木板,两侧留槽,用三夹板条穿入。木框四角要安装铁三角。门扇上部可以安装玻璃。

④ 弹簧门。在出入人流较多的出入口应设置弹簧门,采用弹簧合页,可以自动关闭。弹簧门的框料要相应增大,且不做裁口。为了适应人流多的特点,可以用玻璃或铝板做推板或圆管扶手代替拉手,并在下冒头处钉以铝或铜踢脚板。

⑤ 纱门。纱门是为了便于通风,防止蚊、蝇等昆虫飞入室内而设的。构造基本同镶板门,但框料稍小。铁纱、塑料纱是经常采用的面料,用木压条钉于框料上。纱门可装在外门的外侧或内侧。

⑥ 隔音门、冷藏门。这是在三夹板或木板内填以矿棉等材料而形成的特制门(图 8.18)。

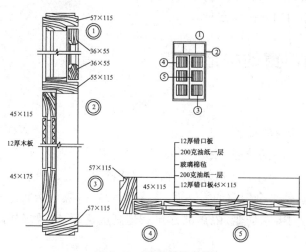

图 8.18　隔音门的构造

⑦ 防火门。这也是一种特制门,按防火规范要求设置。常用做法是在木板门扇外侧包以 5 mm 厚的石棉板及一层 26 号镀锌铁皮。门框也应包以石棉板及铁皮。为防止火灾时门扇的木料分解出的一氧化碳和碳氧化合物使门扇胀裂,门扇的铁皮和石棉板应开泄气孔,再用一块铁皮焊牢,而焊料的熔点不得超过 350 ℃。这样,发生火灾时焊料会因高温熔化,自动脱落排气,而不致使门爆裂。防火门分为甲、乙、丙三级,甲级耐火极限为 1.2 h,主要用于防火墙上;乙级耐火极限为 0.9 h,主要用于防烟楼梯的前室和楼梯口;丙级耐火极限为 0.6 h,主要用于管道检查口(图 8.19)。

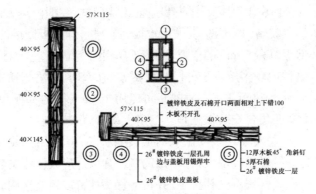

图 8.19 防火门的构造

⑧ 钢门。钢门的框料与扇料有空腹与实腹两种,门框与门扇的组装方法有钢门框—钢门扇和钢门框—木门扇两种。钢门扇自重大,容易下沉,开关声响大,保温能力差,故应用较少。

木门扇自重轻,保温、隔声较好。特别是高层建筑中采用钢筋混凝土板墙时,采用钢门框—木门扇连接较方便。

8.4 其他门窗的构造

1) 铝合金门窗

(1) 铝合金门窗的特点

① 重量轻。材料消耗少,每平方米门窗耗用铝合金型材平均为 8～10 kg,比钢、木门窗轻 50%～60%(每平方米门窗钢材耗量为 17～20 kg)。

② 性能好。铝合金门窗的气密性、水密性均较好,隔声指数比钢、木门窗高出 5～6 倍。因此,对要求防尘、隔声的建筑和超高层建筑,以及多暴雨、多台风等地区的建筑极为适用。

③ 色调美观。铝合金型材除具有自身颜色(银白色)以外,还可以通过着色法呈现各种颜色和花纹。若表面再涂以聚丙烯酸漆保护膜,铝合金型材的表面会更加光亮美观。选用时应根据建筑功能和自然环境确定适当的色调,以增加建筑物的艺术感染力。

④ 耐腐蚀,维修方便。铝合金门窗由于型材自身有光泽和颜色,所以安装后不再进行油漆,而且在自然条件下不褪色,不锈蚀,坚固耐用。此外,铝合金门窗开闭灵活,无噪声,不需经常维修,即使年久损坏仍可回收框料重炼再加工。

⑤ 加工拼装简便。铝合金门窗从型材加工,配件、密封件安装,到组装试验一

系列的生产过程均可在加工厂进行,可以大批量生产,有利于门窗设计标准化、产品系列化、零配件通用化,从而达到门窗商品化。同时,也可以购买铝合金型材现场进行组装来制作异形门窗和有特殊要求的门窗。

⑥ 投资造价高。由于目前我国铝合金门窗的造价约为普通钢门窗造价的 4～5 倍,与我国当前经济水平有差距,所以,一般性的建筑物不宜采用。今后必须提高铝合金型材的产量和加工技术,改善零配件的质量与品种,降低成本,这样才能大量推广使用。

(2) 铝合金门窗的质量标准

通常要考核铝合金门窗的下列主要性能指标和质量标准,我国仅制定出部分国家标准,其余可参考日本、德国的标准。

① 强度。强度是在压力箱内对窗进行风压试验时以所加风压(Pa)的等级来表示的,一般强度可达 1 961～2 353 Pa,高性能窗可达 2 353～2 746 Pa。在上述风压下测定的窗扇中央最大位移量应小于窗框内沿高度的 1/70。

② 气密性。在压力箱内,窗的两面形成 4.9～2.94 Pa 的压力差时,用每平方米窗面积每小时的通气量(m^3)来表示窗的气密性。单位是 $m^3/(h \cdot m^2)$。当窗的两面压差为 10 Pa 时,一般气密性可达 8 $m^3/(h \cdot m^2)$ 以下,高性能窗可达 2 $m^3/(h \cdot m^2)$ 以下。

③ 水密性。在压力箱内,对窗的外侧加入周期为 2 s 的正弦波脉冲压力,同时向窗外侧喷水,每分钟每平方米喷 4 L 的人工降雨。连续 10 min 的风雨交加试验,在窗的内侧不应有可见的渗漏水现象,这时的脉冲风压平均值即为窗的水密性。一般水密性为 343 Pa,抗台风高性能窗为 490 Pa。高层建筑上部的窗也取此值。

④ 开闭力。安装好玻璃的窗扇打开或关闭时所需的外力应在 49 N 以下(平开、推拉均参考此值)。

⑤ 隔声性。隔声性指在音响试验室窗的音响透过损失量。一般性能窗的隔声性为 25 dB,高性能窗为 30～45 dB。

⑥ 隔热性。隔热性用窗的热对流阻抗值 R 来表示,其单位为 $m^2 \cdot h \cdot °C$ 或 kJ。一般分成三级,$R_1 = 0.05$ $m^2 \cdot h \cdot °C$,$R_2 = 0.06$ $m^2 \cdot h \cdot °C$,$R_3 = 0.07$ $m^2 \cdot h \cdot °C$。6 mm 双层玻璃窗的 R 值为 0.05 $m^2 \cdot h \cdot °C$。

⑦ 尼龙导向轮的耐久性。推拉窗扇做电动连续往复推拉试验,尼龙轮直径为 12～16 mm 时,试验往复 1 万次;尼龙轮直径为 20～24 mm 时,试验往复 5 万次;尼龙轮直径为 30～60 mm 时,试验往复 10 万次,窗及导向轮等配件均无异常损坏即为合格。

⑧ 开闭锁的耐久性。开闭锁在试验台上以每分钟 10～30 次的速度进行连续

开闭动作,达到 3 万次/min 无损伤时即为合格。

当⑦、⑧两项性能较差时,将影响使用上的灵便程度以及门窗的安全与稳定,因而必须严格执行上述标准。

(3) 铝合金门窗的分类

一般从以下五个方面对铝合金门窗进行分类:

① 按密闭性及隔声性能分为隔声和非隔声两种。

② 按保温性能分为保温与非保温两种。

③ 按抗风压强度分为 A、B、C 三级。

④ 按铝合金型材表面处理方法分为阳极氧化膜和阳极氧化复合膜两种。

⑤ 按开启形式分为固定、平开、推拉、中悬以及其他组合门窗,如固定—平开组合窗、固定—推拉组合窗等。

(4) 铝合金门窗的构造

铝合金门窗的构造与一般钢、木门窗的构造差别很大,钢、木门窗框料的组装以榫接和焊接相连,扇与框以裁口相搭接;而铝合金门窗框料的组装是利用转角件、插接件、紧固件组装成扇和框,扇与框以其断面的特殊造型嵌以密封条相搭接或对接。门窗的附件有导向轮、门轴、密封条、密封垫、橡胶密封条、开闭锁、五金配件、拉手、把手等。门扇均不采用合页开启。下面介绍铝合金门窗的构造特征。

① 铝合金门窗的组装。门窗框、扇的四角组装采用直角插榫结合,横料插入竖料连接。将竖料两端铣出槽榫,上下横料两端插入竖料榫槽,用合成树脂临时固定,在槽内空腔先放 L 形铝合金角板,一端用螺钉与竖料紧固,插入上下横料后再用螺钉直接旋入角板和内腔钉孔固定(内部钉孔是挤压型材时制出的,螺钉均采用不锈钢制品)。采用 45°斜角对接时,门窗扇四角用倒刺插接件将立料与横料固定紧,从上下横料外部用螺钉与内腔孔座拧紧,外观是见不到螺钉帽的。

铝合金门窗框的组装多采用直插,很少采用 45°斜接,直插较斜插牢固简便,加工简单。这种门窗转角组装连接件是与门窗框料的规格系列配套的。

② 铝合金推拉窗的构造特点。推拉窗的性能比其他开启形式的窗优越,是建筑工程中常用的一种类型,而平开窗因需要合页做连接件往往在窗扇的牢固性上不如推拉窗。推拉窗是由 9 种不同断面的型材组合而成,上框为槽形断面,下框为带导轨的凸型断面,两侧竖框为另一种槽形断面,共 4 种型材组合成窗框与洞口固定。窗扇由 5 种断面的型材组成,其中一扇的竖料带挡风条和开闭锁,窗扇下部有滚轮沿下框导轨滑动,窗扇上部有尼龙圆头钉在上框槽内起导向作用。两个窗扇关闭后中部重叠处以及上下左右均有密封尼龙条与窗框保持密封。塑料垫块在窗扇闭合时作定位装置,见图 8.20。

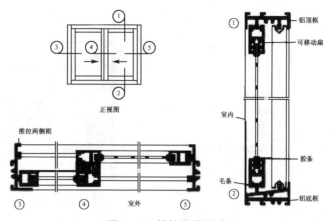

图 8.20 推拉窗的构造

③ 铝合金平开窗的构造特点。平开窗的构造与一般窗相近,四角连接为直插或 45°斜接,其合页必须用铝合金或不锈钢,螺钉为不锈钢螺钉,也可以用上下转轴开启,构造做法见图 8.21。

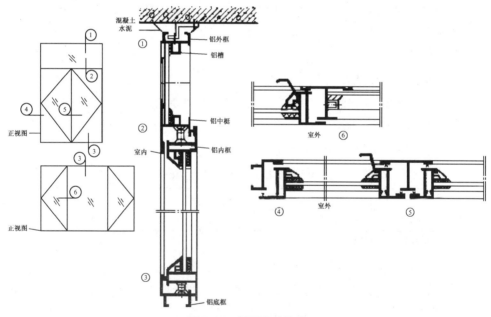

图 8.21 平开窗的构造

④ 铝合金门窗的安装。门窗框与洞口的连接采用柔性连接,门窗框的外侧用螺钉固定着不锈钢锚板,当外框与洞口安装时,经校正定位后锚板即与墙体埋件焊牢使窗固定,或者用射钉将锚板钉入墙体。框的外侧与墙体的缝隙内填沥青麻丝,外抹水泥砂浆填缝,表面用密封膏嵌缝,构造做法见图 8.22。

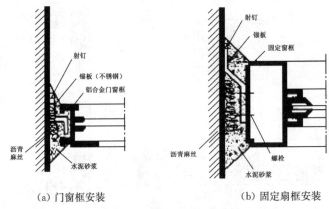

（a）门窗框安装   （b）固定扇框安装

图 8.22　铝合金门窗的安装

　　门窗的选用以产品样本为准，样本目前均由各生产厂家自己制定，尚无全国统一的标准门窗。其他形式铝合金门窗不再详述。铝合金门的开启均采用地弹簧装置，内门多用推拉。

　　⑤ 玻璃的安装。铝合金门窗玻璃的安装采用特制嵌缝条和橡胶密封条，嵌入门窗框料断面凹槽内，将玻璃挤紧，使之密封。

　　2）塑料门窗

　　（1）塑料门窗的特点

　　① 具有保温隔热性能。UPVC 塑料门窗比木门窗的隔热保温性能好，导热系数低。这是由于塑料门窗的型材是中空异型材，消除了金属门窗的"热桥"现象所致。各类窗的实际传热性能比较见表 8.8。

表 8.8　各类窗的实际传热性能比较   ［单位：W/(m² · K)］

铝合金窗	木窗	UPVC 塑料窗
5.95	1.72	0.44

注：表中数值指窗框的导热系数。

　　② 耐腐蚀。由于塑料是一种高分子聚合物，其中又加入了一些增强各种性能的添加剂，因而对酸、碱、盐的抵抗能力均优于其他金属材料，故可广泛应用于潮湿、多雨地区和有腐蚀介质的工业建筑中。

　　③ 隔声性、密封性好。根据气密性、水密性的要求，在门窗构造上采用密封条等办法，可达到国家规定的气密性和水密性的指标，隔声性能可达 30 dB。

　　④ 重量轻，比强度高。塑料的密度为 $0.9\sim22$ g/cm³，是铝材的 1/2、钢材的 1/5、混凝土的 1/3，而比强度却接近于钢材。每平方米的成品门窗塑料耗量仅 10 kg，这对减轻建筑物自重十分有利。

⑤ 色调丰富,尺寸精确。在 UPVC 塑料的生产中加入颜料可得到各种颜色的塑料,制成的门窗装饰性很强。塑料异型材是挤出型的加工方法,断面尺寸精确,组装门窗的精度很高。

⑥ 造价偏高。当前,塑料门窗的造价比钢门窗偏高,但低于铝合金窗。由于 UPVC 原料充足,门窗产量可大幅度提高,再加上塑料门窗组装加工费用低,省去涂刷油漆和日常维修的费用,其综合经济效益较好。

⑦ 耐老化、抗风压差。UPVC 塑料的耐候性和抗紫外线能力差,虽然加入一些抗老化添加剂,还不可能彻底解决,这是塑料的致命弱点,但是保持 20～30 年的耐久性是可以实现的。塑料异型材为中空断面,刚度好,脆性大,抗风能力较差,对一些大洞口的门窗,需在型材空腔内加入金属附加筋(称为钢衬),才能达到抵抗风力的要求。

⑧ UPVC 窗的品种不多,窗扇不宜过大。通过上述分析,可以看出任何一种新材料均具有双重性,既有优点也存在问题,只要基本满足使用要求就是可以发展的材料。何况 UPVC 塑料在国外已有 40 年以上的使用历史,说明它是完全可以信赖的材料。特别是在木材越来越匮乏,钢材容易锈蚀,铝合金成本又太高的情况下,唯有建筑塑料才有很强的生命力。

(2) 塑料窗

① 塑料窗 UPVC 的加工工艺。UPVC 塑料窗和改性 UPVC 塑料窗的加工工艺是将挤出的异型材,经下料、焊接(自身热合)、修饰整理、安装配件而成。生产过程较简单,技术不复杂。

• 异型材下料。用切割机下料,尺寸必须精确,特别是 45°的斜面更应精确。这是保证组装质量的主要工序,同时要先计算下料长度,保证热熔化时的消耗量,以免影响组装尺寸。

• 插入钢衬。对于尺寸较大的门窗(一般宽度＞1 000 mm,高度＞1 200 mm)异型材,为了加强框料刚度,多在异型材空腔内插入和内腔尺寸相近的钢衬(有槽形和矩形断面)。钢衬用 1.5 mm 厚的带钢压制而成,用自攻螺丝在异型材外侧固定,自攻螺丝间距为 600～1 000 mm,钢衬应比异型材短(两端约比异型材短 40～50 mm),螺丝不要安装过紧,以适应金属热胀变形的要求,详见图 8.23。

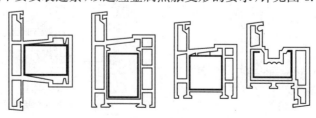

图 8.23 钢材的插入

• 开泄水孔。在窗框、窗扇下部的外侧需开一个泄水孔,以排除可能进入内侧的少量雨水。泄水孔可用专用开孔机或人工钻开孔。

• 焊接。窗框、窗扇的组装要在专用焊接机上焊接。焊接时异型材的45°斜面在一定压力下同时与电热板接触,电热板的温度为230~240 ℃,使斜面塑料熔化,通过控制熔化时间达到熔化层厚度,再将电热板抽出,两斜面在一定压力下对接,即焊接完成。窗框有四角焊接和丁字焊接,在中框焊接时采用丁字节点,要用有直角焊板的焊接机。焊接机同时焊两个角,称二位焊接机,也可同时焊两个角和中间丁字节点,称三位焊接机。焊接机加热、加压、定位、加热板活动均是自动控制。

• 焊缝修整。焊接后焊缝处有凸起和毛刺,要由专用修整机剔除凸起和毛刺,并抛光。

• 安装五金及其他配件。窗扇窗框焊接后即安装嵌条、橡胶密封条、玻璃、五金配件等。要求紧固螺栓要穿透两层中空壁,或与钢衬拧紧,密封条要压实。玻璃是干法安装,不用油灰勾缝,而是在窗扇框内嵌入密封条,然后在凹槽内放底座和垫块,放好玻璃后再用压玻璃条和密封条固定。这些工序可在现场或加工厂中进行。

② 塑料窗的开启形式和规格。UPVC塑料窗的规格尺寸应符合《建筑门窗洞口尺寸系列》(GB/T 5824—2008)的有关规定。目前生产的有平开、中悬固定等几种基本扇型,另外还有推拉窗。利用这些基本窗可以组合成各种类型的组合窗。应按工厂产品样本选用。

③ 塑料窗的安装。塑料窗的安装是在窗框外侧用锚铁与窗框固定。锚铁的两翼安装时用射钉枪将钢钉打入墙体固定,或与墙体埋件焊接。窗框与洞口的缝隙内填沥青麻丝,外抹水泥砂浆,再用密封膏封严。一般情况均应在内外装修完成后安装,以减少门窗的破损。图8.24表示了有关的节点构造。

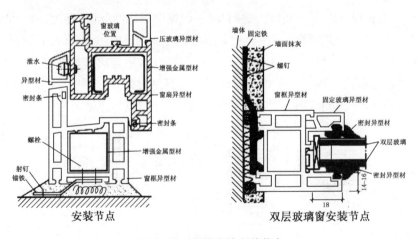

图8.24 塑料窗的安装节点

复习思考题

1. 门窗的主要作用是什么？

2. 如何确定窗的大小？窗的选用应注意哪些问题？

3. 如何确定门的大小？门的选用应注意哪些问题？

4. 窗有哪些类型？各有什么特点？

5. 窗的构造特点如何？它是如何进行安装的？

6. 窗的遮阳措施有哪些？

7. 门有哪些类型？各有什么特点？

8. 门的构造特点如何？

9. 钢门窗与木门窗的构造做法有何不同？

9 建筑防火与安全疏散

9.1 建筑防火设计

1) 建筑火灾的概述

建筑火灾给人类带来巨大的财产和生命损失。为避免、减少火灾的发生,必须研究火灾的发生、发展规律,总结火灾教训,将防火设计基本知识、防火的思路贯穿到规划、设计与施工的全过程中,采用先进的防火技术,防患于未然。

(1) 建筑火灾知识

建筑火灾是指烧损建筑物及其收容物品的燃烧现象,并造成生命、财产损失的灾害。

可燃物及其燃烧:不同形态的物质发生火灾的机理并不一致,一般固体可燃物质在受热条件下可分解出不同的可燃气体,这些气体在空气中与氧气产生化学反应,如果遇明火就会发生起火,发生起火燃烧时的最低温度称为该物质的燃点。

(2) 火灾的发展过程

建筑内刚起火时,火源范围很小,火灾的燃烧情况与在开敞空间一样。随着火源范围的扩大,火焰在最初着火的材料上燃烧,或者进一步蔓延到附近的可燃物。直到建筑的墙壁、屋顶等部件都开始影响燃烧的继续发展时,就完成了一个火灾阶段,这个过程分为三个阶段:火灾的初期、旺盛期和衰减期。

根据火灾的发展过程,为了限制火势发展,应该在可能起火的部位尽量少用或不用可燃材料,在易起火并有大量易燃物品的上空设置排烟窗,一旦起火,炽热的火焰或烟气可由上部排除,燃烧面积就不会扩大,将火灾发展蔓延的危险性尽可能降低。

(3) 建筑火灾的蔓延方式

火灾蔓延实质是热传播的结果。热传播的产生有多种,有时单独出现,有时几种形式同时出现。热传播主要分为三种方式:

① 热传导。火灾分区燃烧产生的热量,经导热性能较好的建筑构件或建筑设备传导,能够使火灾蔓延到邻近或上下层房间。该种方式有两个明显的特点:一是

必须有导热性良好的媒介;二是蔓延的距离较近,一般只能是邻近的建筑空间。

② 热对流。热对流是指炽热的烟气与冷空气之间的相互流动的现象,是建筑物内火灾蔓延的主要方式。燃烧时,烟气热而轻,容易上窜升腾,冷空气从下部补充,形成对流。如图 9.1 所示为剧院建筑热对流造成火势蔓延的示意图。

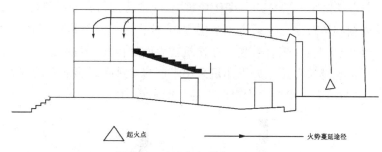

△ 起火点　　　　　　　　→ 火势蔓延途径

图 9.1　剧院内火势蔓延示意图

③ 热辐射。热辐射是指由热源以电磁波的形式直接发射到周围物体上,是促使火灾在室内及相邻建筑之间蔓延的主要方式之一。起火建筑像火炉一样能把距离较近的建筑物烤着燃烧,建筑防火规范中要求的防火间距,主要是考虑防止火焰辐射引起相邻建筑着火而设置的间距距离。

（4）建筑火灾的蔓延途径

建筑内某一房间发生火灾,当发展到轰燃之后,火势猛烈,就会突破该房间的限制,向其他空间蔓延。研究火灾蔓延途径,是设置防火分隔的依据。结合火灾实际情况,火从起火房间向外蔓延的途径主要有以下几种:

① 火势的横向蔓延。火势横向蔓延的主要原因之一是建筑物内未设水平防火分区,没有防火墙及相应的防火门等形成控制火灾的区域空间。对设置防火分区的耐火建筑来说,火势横向蔓延的主要原因之一是洞口处的分隔处理不完善。例如户门为可燃的木质门,火灾时能被火烧穿;金属防火卷帘没有设水幕保护或水幕未洒水,导致卷帘被火熔化;管道穿孔处未用非燃烧材料密封等导致火势蔓延;钢质防火门在正常使用时开启,一旦发生火灾不能及时关闭等,均能使火灾从一侧向另一侧蔓延。

② 火势的竖向蔓延。现代建筑中有大量的电梯、楼梯、设备管道井等竖井,这些竖井往往贯穿整个建筑,如果没有做周密的防火设计,一旦发生火灾,火势便会通过竖井蔓延至建筑的任意层次。

③ 火势通过空调系统管道蔓延。现代高层建筑中,一般均采用中央空调系统,如果未按规定设防火阀,而采用不燃烧的风管、不燃及难燃材料做保温层,发生火灾时极易造成严重后果。通风管道使火灾蔓延一般有两种方式:第一种方式为

通风管道本身起火并向连通的水平和竖向空间（房间、吊顶内部、机房等）蔓延；第二种方式为通风管道吸进火灾房间的烟气，并在远离火场的其他空间再喷冒出来，后一种方式更加危险。因此，在通风管道穿越防火分区之处，一定要设置具有自动关闭功能的防火阀门。

④ 火灾由窗口向上层蔓延。现代建筑中，火往往通过建筑外墙窗口喷出烟气和火焰，顺着窗间墙及上层窗口窜到上层室内，这样逐层向上蔓延而导致整个建筑起火。实验研究证明，火焰有被吸附在建筑物表面的特性，导致火灾从下层经窗口蔓延到上层，甚至越层蔓延。如果建筑采用带形窗更易吸附出向上的火焰，蔓延更快。如图 9.2 所示为火由外墙窗口向上蔓延的示意图。

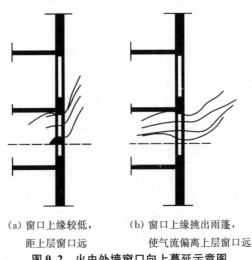

(a) 窗口上缘较低，　　　　(b) 窗口上缘挑出雨篷，
　　距上层窗口远　　　　　　使气流偏离上层窗口远

图 9.2　火由外墙窗口向上蔓延示意图

2）建筑防火基本概念

我们必须对火灾给予高度重视，提高对防火问题的科学认识，根据烟火的运行规律采取相应的对策，认真贯彻"预防为主、消防结合"的方针，做好平时的防火培训，加强火灾初期的自救，并保证消防设施的完好。以下是常用的消防术语：

（1）耐火极限

耐火极限是指在标准耐火实验条件下，建筑构件、配件或者结构从受到火的作用时起，至失去承载能力、完整性或隔热性时止所用的时间，用小时（h）表示。

（2）安全出口

安全出口是供人员安全疏散用的楼梯间和室外楼梯的出入口或直通室内外安全区域的出口。

（3）防火墙

防火墙是指防止火灾蔓延至相邻建筑或相邻水平防火分区且耐火极限不低于 3.00 h 的不燃性墙体。

（4）建筑高度

建筑屋面为坡屋顶时,建筑高度是指建筑室外设计地面至檐口与屋脊的平均高度;建筑屋面为平屋面(包括有女儿墙的平屋面)时,建筑高度是指建筑室外设计地面至其屋面面层的高度。注:其他特殊情况按照最新《建筑设计防火规范》(GB 50016—2014)执行。

3）建筑总平面防火设计

民用建筑根据其高度和层数不同可分为单(多)层民用建筑和高层民用建筑,高层民用建筑根据其建筑高度、使用功能和楼层的建筑面积不同可分为一类和二类。民用建筑的分类如表 9.1 所示。

表 9.1 民用建筑的分类

名称	高层民用建筑		单、多层民用建筑
	一类	二类	
住宅建筑	建筑高度大于 54 m 的住宅建筑(包括设置商业服务网点的住宅建筑)	建筑高度大于 27 m 但不大于 54 m 的住宅建筑(包括设置商业服务网店的住宅建筑)	建筑高度不大于 27 m 的住宅建筑(包括设置商业服务网点的住宅建筑)
公共建筑	建筑高度大于 50 m 的公共建筑; 任一楼层建筑面积大于 1 000 m² 的商店、展览、电信、邮政、财贸金融建筑和其他多种功能组合的建筑; 医疗建筑、重要公共建筑; 省级及以上的广播电视和防灾指挥调度建筑、网局级和省级电力调度建筑、藏书超过 100 万册的图书馆、书库	除住宅建筑和一类高层公共建筑外的其他高层公共建筑	建筑高度大于 24 m 的单层公共建筑; 建筑高度不大于 24 m 的其他公共建筑

注:① 本表引自《建筑设计防火规范》(GB 50016—2014);
② 表中未列入的建筑,其类别应根据本表类比确定;
③ 除本规范另有规定外,宿舍、公寓等非住宅类居住建筑的防火要求,应符合本规范有关公共建筑的规定;裙房的防火要求应符合本规范有关高层民用建筑的规定。

4）防火间距及消防车道

在进行建筑总平面设计时,应根据城市规划要求,并遵循国家《建筑设计防火规范》的规定,在设计中根据建筑物的使用性质,选定建筑物的耐火等级,合理确定建筑的位置、防火间距、消防车道和消防水源等,以保证人员及财产的安全,防止或减少火灾的发生。

（1）防火间距

防火间距是指防止着火建筑在一定时间内引燃相邻建筑的间隔距离。影响防火间距的因素很多,有热辐射、热对流、建筑物外墙门窗洞口的面积、建筑物的可燃物种类和数量、风速、相邻建筑的高度、建筑物内的消防设施水平和灭火时间等,在实际工程中均应该详细考虑,确保满足防火间距。

根据最新《建筑设计防火规范》(GB 50016—2014)的规定,民用建筑之间的防火间距不应小于表9.2的规定。

表 9.2　民用建筑之间的防火间距　　　　　　　　（单位:m）

建筑类别		高层建筑	裙房和其他民用建筑		
		一、二级	一、二级	三级	四级
高层民用建筑	一、二级	13	9	11	14
裙房和其他民用建筑	一、二级	9	6	7	9
	三级	11	7	8	10
	四级	14	9	10	12

（2）消防车道

街区内的道路应考虑消防车通行,道路中心线间的距离不大于160 m。当建筑物沿街道部分的长度大于150 m或总长度大于220 m时,应设置穿过建筑物的消防车道;确有困难时,应设置环形消防车道,如图9.3所示。

  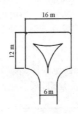 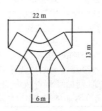

　　（a）三角形回车场　　　（b）圆形回车场　　　（c）矩形回车场　　　（d）Y形回车场

图 9.3　尽端式消防车道的回车场

（3）建筑总平面防火实例

建筑总平面设计时,要弄清楚建设用地和周围环境情况,根据规划要求合理确定建筑红线,并根据建筑性质、层数合理确定建筑体量、位置和与其他建筑的关系等。布置单体建筑时,要注意相互之间的防火间距和日照间距;布置道路时,要注意消防车道的要求及转弯半径、道路宽度、回车场地等;如遇坡地,还要注意道路坡道是否合适。建筑总平面防火设计实例如图9.4所示。

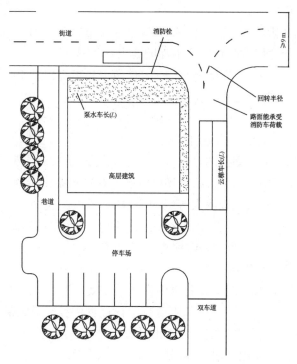

图9.4 总平面防火设计实例

5）建筑平面防火设计

（1）防火分区设计

防火分区是指在建筑内部采用防火墙、有一定耐火极限的楼板及其他防火分隔设施分隔而成，能在一定时间内防止火灾向同一建筑其余部分蔓延的局部空间。防烟分区则是指在建筑内上部采用具有挡烟功能的物体分隔并用于火灾时蓄积热烟气的局部空间。建筑物的某空间发生火灾后，火势便会因热气体对流辐射作用，或是从楼板、墙壁的烧损处和门窗洞口向其他空间蔓延开来，最后发展成整座建筑的火灾，造成重大的经济损失和人员伤亡事故。因此，除了尽可能减少建筑物内部的可燃物量，同时对其装修、某些陈设宜采用不燃或难燃材料，以及设置自动喷水灭火设备外，行之有效的方法就是划分防火分区。

（2）商店、展览厅建筑的布置

商店、展览厅采用三级耐火等级建筑时，不应超过2层；采用四级耐火等级建筑时，应为单层。营业厅、展览厅设置在三级耐火等级的建筑内时，应布置在首层或2层；设置在四级耐火等级的建筑内时，应布置在首层。

（3）人员密集场所的布置

高层建筑内的观众厅、会议厅、多功能厅等人员密集场所，应设在首层或2、3层；当必须设在其他楼层时，应符合下面的要求：

① 一个厅、室的疏散门不应少于2个，建筑面积不宜超过400 m^2。

② 应设置火灾自动报警系统和自动喷淋灭火系统。

③ 幕布的燃烧性能不应低于B1级。

（4）婴幼儿、老年人生活用房的布置

婴幼儿、老年人缺乏必要的自理能力，行动缓慢，易造成严重伤害。因此托儿所、幼儿园的儿童用房和老年人活动场所宜设置在独立的建筑内，且不应设置在地下或半地下。当采用一、二级耐火等级的建筑时，不应超过3层；当设在三级耐火等级的建筑内，不应设在2层及以上；当设在四级耐火等级的建筑内，应设在首层。疗养院及医院病房等用地也应该参照遵循以上要求。

（5）设备用房或特殊用房布置

近年来随着建筑规模的扩大和集中供热的需要，建筑所需的锅炉等设备用房的蒸发量越来越大。但锅炉等设备用房在运行过程中存在较大的火灾危险，容易发生燃烧爆炸事故，应严格控制。建筑设计应符合相关防火设计规范要求。

防火分区按照其作用不同，又可分为水平防火分区和竖向防火分区，下面分别简单介绍一下。

6）水平防火分区及其分隔设施

水平防火分区是指采用具有一定耐火能力的墙体、门、窗和楼板等防火分隔物，按规定的建筑面积标准，将建筑物各层在水平方向上分隔为若干个防火区域，又称面积防火分区，以防止火灾在水平方向蔓延扩大。

（1）防火墙

防火墙是指具有4 h（高层建筑为3 h）以上耐火极限的非燃烧材料砌筑在独立的基础（或框架结构的梁）上，用以形成防火分区，控制火灾范围的部件。防火墙可以独立设置，也可以把其他隔墙、围护按照防火墙构造要求砌筑而成。建筑设计中，如果靠近防火墙的两侧开窗（如图9.5所示），发生火灾时，从一侧窗口窜出的火焰很容易烧坏另一侧窗户，导致火势蔓延到相邻防火分区。防火墙两侧的窗口最近距离不应小于2 m，且为不燃性墙体。

防火墙上不应设门、窗、洞口，如必须设时，应设置能自行关闭的甲级防火门、窗。防火墙应直接砌筑在基础上或钢筋混凝土框架梁上，且保证防火墙的强度和稳定性，如图9.6所示。

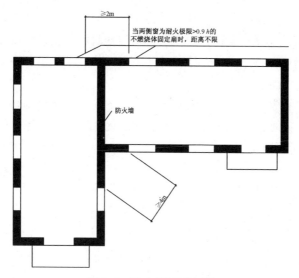

图 9.5　防火墙平面布置

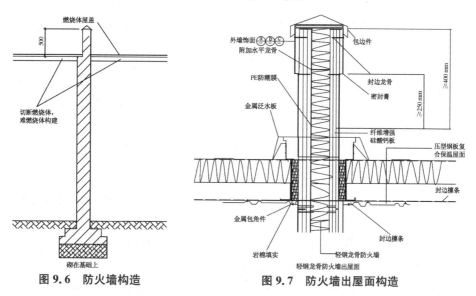

图 9.6　防火墙构造　　　　图 9.7　防火墙出屋面构造

防火墙高出不燃体屋面应不小于 400 mm,高出难燃体或燃烧屋面应不小于 500 mm,屋顶承重构件为耐火极限不低于 0.5 h 的不燃烧体时,防火墙可砌至屋面基层的底部,不必高出屋面,如图 9.7 所示。

(2) 防火门、窗

防火门、窗是指具有一定耐火能力,能形成防火分区,控制火势蔓延,同时具有交通、通风、采光功能的围护设施。

防火门应为向疏散方向开启的平开门,并在关闭后应能从任何一侧手动开启,常开的防火门,当火灾发生时,应具有自动关闭和信号反馈的功能。设在变形缝处附近的防火门,应设在楼层数较多的一层,且门开启后不应跨越变形缝。用于疏散走道、楼梯间和前室的防火门,应具有自动关闭的功能。双扇和多扇防火门还要具有按顺序关闭的功能。

如图 9.8 所示为防烟楼梯和消防电梯合用的前室的防火门。防火门嵌入墙体内,平时开启,火灾时自动关闭,使走道的一部分形成前室。防火门上设有通行小门和水袋孔,便于消防员展开救火。

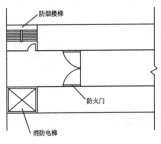

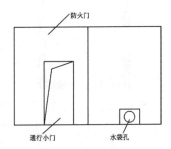

(a) 防火门平时开启位置的平面图　　(b) 防火门上的通行小门及水袋孔

图 9.8　防火门示意图

(3) 防火窗帘

设置防火墙确有困难的场所可采用防火卷帘作防火分区分隔。防火卷帘一般由钢板或铝合金板材制成,在建筑中使用比较广泛,如开敞的电梯厅、商场的营业厅、自动扶梯的封隔、高层建筑外墙的门窗洞口(防火间距不满足要求时)等。

7) 竖向防火分区及其分隔设施

为了把火灾控制在一定的楼层范围内,防止从起火层向其他楼层垂直方向蔓延,必须沿建筑物高度方向划分防火分区,即竖向防火分区,也称为层间防火分区。竖向防火分区主要由具有一定耐火能力的钢筋混凝土楼板做分隔构件。

(1) 防止火灾从窗口向上蔓延

火焰从外墙窗口向上蔓延,是现代高层建筑火灾蔓延的一个重要途径。为了防止火灾从外墙窗口向上蔓延,要求上、下层窗口之间的墙尽可能高一些,一般不应小于 1.5～1.7 m。另外,防止火灾从窗口向上层蔓延,可以采取减少窗口面积或增加窗间墙的高度或设置阳台、挑檐等措施。

(2) 竖井防火分隔措施

楼梯间、电梯间、采光天井、通风管道井、电缆井、垃圾井等竖井串通各层的楼板,形成竖向连通孔洞,一般需将各个竖井与其他空间分隔开,称为竖井分区。竖井通常采用具有 1 h 以上(电梯竖井 2 h)耐火极限的不燃烧体做井壁,必要的开口部位设防火门或防火卷帘加水幕保护。

（3）自动扶梯的防火设计

自动扶梯的设置使得数层空间连通，一旦某层失火，烟火会很快通过自动扶梯空间上下蔓延，必须采取一些防火安全措施。例如在自动扶梯上方四周加装喷水头，间距 2 m，发生火灾时既可以喷水保护，又可以起到防火分隔的作用。

9.2 安全疏散设计

安全疏散是建筑防火设计中一项重要的内容，应根据建筑物的使用性质、容纳人数、面积大小及人们在火灾时的生理和心理特点，合理地设置安全疏散设施，为人们的安全疏散提供有利条件。

1）安全分区与疏散路线

（1）安全分区

一方面，当建筑物内某一房间发生火灾，并达到轰燃程度时，沿走道的门窗被破坏导致浓烟、火焰涌向走道，若走道的吊顶上或墙壁上未设有有效的阻烟、排烟设施，烟气就会继续向前室蔓延，进而流向楼梯间。另一方面，发生火灾时，人员的疏散行动路线也基本上和烟气的流动路线相同，即房间→前室→楼梯间。因此，烟气的蔓延扩散将对火灾层人员的安全疏散形成很大威胁。为了保障人员的疏散安全，最好能够使疏散路线上各个空间的防烟、防火性能逐步提高，而楼梯间的安全性达到最高。为了阐明疏散路线的安全可靠，需要把疏散路线上的各个空间划分为不同的区间，称为疏散安全分区，简称为安全分区，并依次称之为第一安全分区、第二安全分区等。离开火灾房间后先要进入走道，走道的安全性就高于火灾房间，故称走道为第一安全区。依此类推，前室为第二安全分区，楼梯间为第三安全分区。一般来说，当进入第三安全分区即疏散楼梯间，即可认为达到了相当安全的空间。安全分区的划分如图9.9所示。

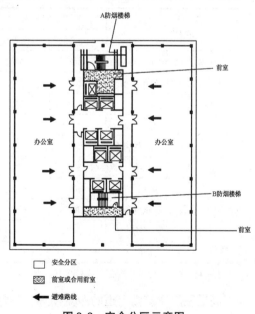

图 9.9　安全分区示意图

（2）疏散路线

根据火灾事故中疏散人员的心理与行为特征，在进行建筑平面设计，尤其是布置疏散楼梯间时，应使疏散路线简捷，并能与人们日常生活路线结合，同时应尽可能使建筑物内的每一个房间都能朝向两个方向疏散，避免出现袋形走道。

2）安全疏散时间与距离

（1）允许疏散时间

建筑物发生火灾时，人员能够疏散到安全场所的时间称为允许疏散时间。对于普通建筑物（包括大型公共民用建筑）来说，允许疏散时间是指人员离开建筑物、到达室外安全场地的时间；而对于高层建筑来说，允许疏散时间是指到达封闭楼梯间、防烟楼梯间、避难层的时间。影响允许疏散时间的因素很多，主要考虑两方面：一是火灾产生的烟气对人的威胁；二是建筑物的耐火性能和疏散设计情况、疏散设施的安全正常运行情况。

（2）安全疏散距离

安全疏散距离有两方面含义：一是考虑房间内最远点到房间门的疏散距离；二要考虑房间门到疏散楼梯间或外部出口的距离。

公共建筑的安全疏散距离应符合表9.3的规定。

表9.3 直通疏散走道的房间疏散门至最近安全出口的直线距离 （单位：m）

名称			位于两个安全出口之间的疏散门			位于袋形走道两侧或尽端的疏散门		
			一、二级	三级	四级	一、二级	三级	四级
托儿所、幼儿园、老年人建筑			25	20	15	20	15	10
歌舞、娱乐、放映、游艺场所			25	20	15	9	—	—
医疗建筑	单、多层		35	30	25	20	15	10
	高层	病房部分	24	—	—	12	—	—
		其他部分	30	—	—	15	—	—
教学建筑	单、多层		35	30	25	22	20	10
	高层		30	—	—	15	—	—
高层旅馆、公寓、展览建筑			30	—	—	15	—	—
其他建筑	单、多层		40	35	25	22	20	15
	高层		40	—	—	20	—	—

注：本表引自《建筑设计防火规范》（GB 50016—2014）。

高层民用建筑内走道的净宽，应按照通过人数每100人不少于1.00 m计算；高层民用建筑首层疏散外门的总宽度，应按照人数最多的一层每100人不小于1.00 m计算。表中袋形走道是指如图9.10所示的走道，其安全距离计算公式如下：

$$a+2b\leqslant c$$

式中:a——一般走道与位于两座楼梯之间的袋形走道中心线交叉点至较近楼梯间或门的距离;

　　　b——两座楼梯之间的袋形走道端部的房间门至普通走道中心线交叉点的距离;

　　　c——两座楼梯或两个外部出口之间最大允许距离的一半。

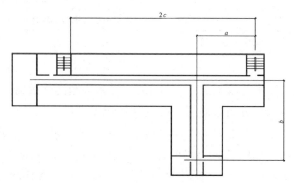

图 9.10　袋形走道示意图

3）安全出口与疏散楼梯间

（1）安全出口

① 安全出口的宽度。安全出口是为了满足安全疏散的要求,其出口的宽度有明确的规定。高层公共建筑内楼梯间的首层疏散门、首层疏散外门、疏散走道和疏散楼梯的最小净宽应符合表 9.4 的规定。

表 9.4　高层公共建筑内楼梯间的首层疏散门、首层疏散外门、疏散走道和疏散楼梯的最小净宽度

（单位:m）

建筑类别	楼梯间的首层疏散门、首层疏散外门	走道		疏散楼梯
		单面布房	双面布房	
高层医疗建筑	1.30	1.40	1.50	1.30
其他高层公共建筑	1.20	1.50	1.40	1.20

注:本表引自《建筑设计防火规范》(GB 50016—2014)。

② 安全出口的数量。为了确保公共场所的安全,建筑中应设有足够数量的安全出口。在建筑设计中,应根据使用要求,结合防火安全的需要布置门、走道和楼梯。一般要求建筑都有两个或两个以上的安全出口,保证起火时的安全疏散。根据火灾事故统计,通过一个出口的人员过多,常常发生意外,影响安全疏散,因此对于人员密集的大型公共建筑,例如影剧院、礼堂、体育馆等,为了保证安全疏散,应

该控制每个安全出口的人数,一般每个出口不超过 250 人。

但如果建筑符合表 9.5 以下情况,可以设一个安全出口。

表 9.5 公共建筑可设置一个安全出口的条件

耐火等级	最多层数	每层最大建筑面积(m²)	人数
一、二级	3	200	第二层和第三层人数之和不应超过 50 人
三级	3	200	第二层和第三层人数之和不应超过 25 人
四级	2	200	第二层人数不应超过 15 人

注:本表引自《建筑设计防火规范》(GB 50016—2014)。

(2)疏散楼梯间

楼梯间是建筑物的主要交通空间,既是平时人员竖向疏散路线的通道,又是火灾发生时建筑物内人员的避难路线、救护路线,也是消防人员灭火进攻路线。楼梯间防火性能的好坏、疏散能力的大小,直接影响人员的生命安全和消防队的扑救工作。每一幢公共建筑均应设两个楼梯,民用建筑楼梯间按照其使用特点及防火要求常采用开敞式楼梯间、封闭式楼梯间、防烟楼梯间、剪刀楼梯间和室外疏散楼梯间几种。

① 开敞式楼梯间。开敞式楼梯间是指由建筑物室内墙体等围护构件组成的无封闭,无防烟能力,且与其他使用空间直接连通的楼梯间。开敞式楼梯间在一些标准不高、层数不多或公共建筑门厅中广泛采用,楼梯间通常采用走道或大厅都开敞的形式,其典型特征是楼梯间不设门,有时为了管理设普通的木门、弹簧门或玻璃门等。楼梯间宽度一般不应<1.1 m;楼梯首层应设置直接对外的出口,如果建筑层数不超过 4 层时,可将对外出口设在距离楼梯间不超过 15 m 处;楼梯间最好靠近外墙,并设通风采光窗。如图 9.11 所示。

② 封闭式楼梯间。封闭式楼梯间是指建筑构配件分隔、能防止烟和热气进入楼梯间,建筑构配件是指双向弹簧门、需具有一定耐火极限的建筑墙体、乙级防火门。按照防火规范要求,建筑高度≤32 m 的二类公共建筑,12～18 层的单元式住宅,超过 5 层的公共建筑和超过 6 层的塔式住宅,应设封闭式楼梯间,如图 9.11 所示。

③ 防烟楼梯间。防烟楼梯间是指在楼梯间入口处设有防烟前室,或设有专供排烟用的阳台、凹廊等,且通向前室和楼梯间的门均为乙级防火门的楼梯间。

高层建筑为了满足抗风、抗震的需求,筒体结构应用广泛,这种结构由于采用核心式布置,楼梯位于建筑物的内核,因而一般采用机械加压防烟楼梯间,如图 9.12 所示。

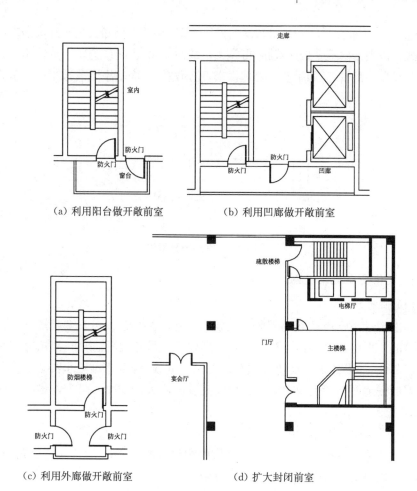

（a）利用阳台做开敞前室　　　（b）利用凹廊做开敞前室

（c）利用外廊做开敞前室　　　（d）扩大封闭前室

图 9.11　防烟楼梯间

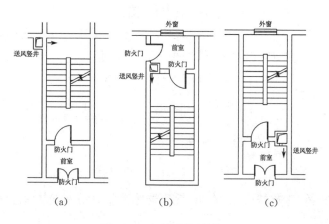

（a）　　　　　（b）　　　　　（c）

图 9.12　机械防烟楼梯间

④ 室外疏散楼梯间。建筑端部的外墙上采用设置简易的、全部开敞的室外楼梯的形式。该类楼梯不受烟火威胁,可供人员疏散使用,也能供消防人员使用。其防烟效果和经济性都较好,如果造型处理得当,还为建筑立面增添风采,如图 9.13 所示。

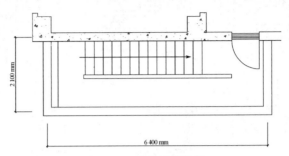

图 9.13　室外疏散楼梯

4)其他安全疏散设施

(1) 避难层

高度超过 100 m 的超高层公共建筑,一旦发生火灾,人员安全疏散到地面是非常困难的。据统计,国内外建筑中,超高层建筑人员疏散所需时间都超过安全允许时间。因此,如果建筑高度超过 100 m 的公共建筑,设置避难层非常必要。第一个避难层的楼地面至灭火救援场地地面的高度不应大于 50 m,两个避难层之间的高度不宜大于 50 m。

(2) 屋顶直升机停机坪

对于建筑高度超过 100 m 且标准层面积超过 2 000 m² 的公共建筑,宜在屋顶设置直升机停机坪或供直升机救助的设施。

(3) 阳台应急疏散梯

高层建筑的各层应设置专用的疏散阳台,阳台地面上开设洞口,用附有栏杆的钢梯连接各层阳台,如图 9.14 所示。该阳台一般设置在袋形走道尽端,也可设于某些疏散条件困难之处,作为辅助性的垂直疏散设施。

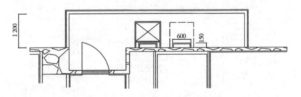

图 9.14　阳台应急疏散楼梯

另外,避难桥、避难扶梯、避难袋、缓降器等都是高层建筑中一些常用的、有效的安全疏散措施。

9.3　防火构造图例

各种防火构造实例如图 9.15～图 9.19 所示。

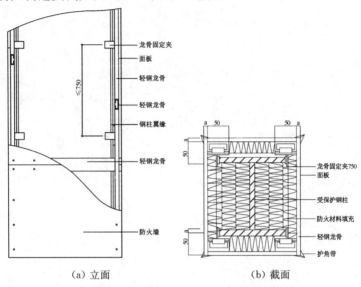

（a）立面　　　　　　　　（b）截面

图 9.15　轻钢龙骨板材包覆钢柱构造示意图

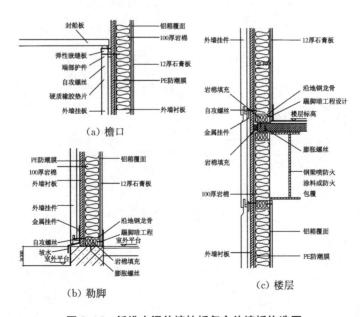

（a）檐口

（b）勒脚

（c）楼层

图 9.16　纤维水泥外墙挂板复合外墙板构造图

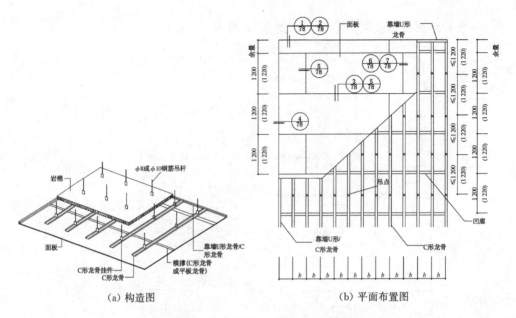

（a）构造图　　　　　　　　　　（b）平面布置图

图 9.17　防火吊顶构造图和平面布置图

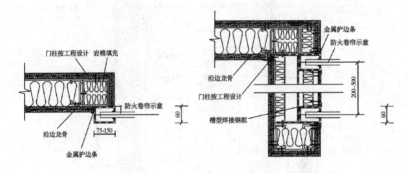

图 9.18　钢制防火卷帘构造图

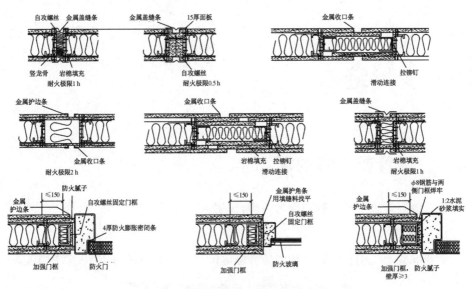

图 9.19　多种防火门窗构造示意图

复习思考题

1. 什么是建筑火灾？分为哪三个阶段？各有什么特点？

2. 建筑火灾的蔓延方式有哪些？

3. 什么是防火墙？什么是防火间距？

4. 为什么要进行防火分区？什么是防火分区？

5. 什么是防火墙？其构造设计要点是什么？

6. 什么是安全疏散设计？

10 变形缝

10.1 设置变形缝的原则

变形缝是建筑中的一种防变形措施,设置原则如下:

1) 伸缩缝

钢筋混凝土结构和砖石结构墙体伸缩缝的最大间距分别见表 10.1、表 10.2。

表 10.1 钢筋混凝土结构伸缩缝的最大间距　　　　　　　　（单位:m）

结构类型	室内或土中	露天
钢筋混凝土整体式框架建筑	55	35
钢筋混凝土装配式框架建筑	75	50
装配式大型板材建筑	75	50

表 10.2 砖石墙体伸缩缝的最大间距

墙体类型	屋顶或楼层类别		间距/m
各种砌体	整体式或装配整体式钢筋混凝土结构	有保温层或隔热层的屋顶	50
		楼层无保温层或隔热层的屋顶	30
	装配式无檩体系钢筋混凝土结构	有保温层或隔热层的屋顶	60
		楼层无保温层或隔热层的屋顶	40
	装配式有檩体系钢筋混凝土结构	有保温层或隔热层的屋顶	75
		无保温层或隔热层的屋顶	60
普通黏土砖、空心砖砌体、石砌体硅酸盐砖、硅酸盐砌块和混凝土砌块砌体	黏土瓦或石棉水泥瓦屋顶		150
	木屋顶或楼层		100
	砖石屋顶或楼层		75

注:当有实践经验和可靠根据时,可不遵守本表的规定。

2) 沉降缝

凡符合下列情况之一者应设置沉降缝:

① 建筑物建造在不同的地基土壤上;

② 同一建筑物相邻部分高度差在两层以上或部分高度差超过 10 m 以上;

③ 建筑物部分的基础底部压力值有很大差别;

④ 原有建筑物和扩建建筑物之间；

⑤ 相邻的基础宽度和埋置深度相差悬殊；

⑥ 在平面形状较复杂的建筑中，为了避免不均匀下沉，应将建筑物平面划分成几个单元，在各个部分之间设置沉降缝。

3）防震缝

当设计烈度为8度和9度时，遇下列情况之一应设置防震缝：

① 房屋立面高差在6 m以上；

② 房屋有错层，且楼板高差较大；

③ 各部分结构刚度截然不同。

防震缝应将房屋分成若干个体型简单、结构刚度均匀的独立单元，防震缝应沿房屋的全高设置，其两侧应布置墙，基础可不设置防震缝。

在地震设防的地区，沉降缝和伸缩缝应符合防震缝的要求。

10.2　变形缝的分类

变形缝包括伸缩缝、沉降缝和防震缝三种。

1）伸缩缝

解决由于建筑物超长而产生的伸缩变形。

2）沉降缝

解决由于建筑物高度不同、重量不同、平面转折部位等而产生的不均匀沉降变形。

3）防震缝

解决由于地震而产生的相互撞击变形。

10.3　变形缝的尺寸及构造

1）伸缩缝

由于基础埋在土中，受温度变化的影响不大，故基础可不设伸缩缝。伸缩缝的宽度为20～40 mm。

2）沉降缝

由于沉降缝的设缝目的是解决不均匀沉降变形，故应从基础开始断开。沉降缝的宽度按表10.3所列尺寸选取。

表 10.3　沉降缝宽度

地基性质	建筑物高度	沉降缝宽度(mm)
一般地基	$H<5\ m$ $H=5\sim10\ m$ $H=10\sim15\ m$	30 50 70
软弱地基	2～3 层 4～5 层 6 层以上	50～80 80～120 >120
湿陷性黄土地基		≥30～70

3）防震缝

防震缝的宽度与地震设防等级有关。

① 房屋的高度在 15 m 及 15 m 以下时，取 70 mm。

② 房屋的高度超过 15 m 时按下列标准选取：设计烈度为 7 度时，高度每增加 4 m，缝宽增加 20 mm；设计烈度为 8 度时，高度每增加 3 m，缝宽增加 20 mm；设计烈度为 9 度时，高度每增加 2 m，缝宽增加 20 mm。

10.4　变形缝的盖缝处理问题

变形缝一般均通过墙、地面、楼板、屋顶等部分，这些部位应做好盖缝处理。

1）屋顶

屋顶部分在缝隙两侧砌筑 120 mm 厚的砖墙，上部用铁皮或钢筋混凝土板覆盖，缝中填沥青麻丝。屋顶板下部与楼板下部做法相同。

2）楼板

楼板上部楼地面在缝隙两端用角钢做封边，并用橡胶垫或金属板过渡。楼板下部用木板或金属板过渡。

3）地面

底层地面在缝隙两端用角钢封边进行过渡。

4）墙体内外表面

墙体外表面一般采用金属板做盖缝处理，墙体内表面可以采用金属板或木板做盖缝处理。

各个部分的盖缝处理详见图 10.1～图 10.4。

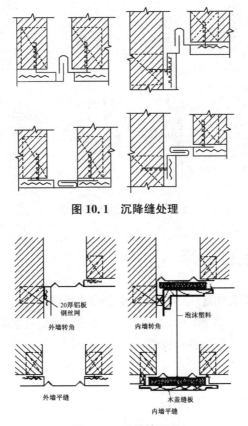

图 10.1 沉降缝处理

20厚铝板
钢丝网

外墙转角

内墙转角

泡沫塑料

外墙平缝

木盖缝板

内墙平缝

图 10.2 防震缝处理

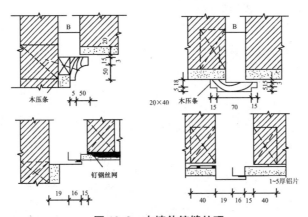

木压条

钉钢丝网

20×40　木压条

1~5厚铝片

图 10.3 内墙伸缩缝处理

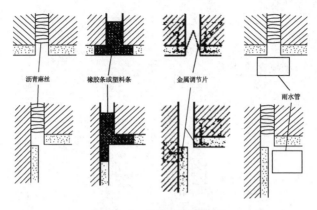

图 10.4 外墙伸缩缝处理

10.5 施工后的浇带

在高层建筑中常采用施工后浇带代替变形缝的做法。施工后浇带的具体做法是:每 30～40 m 留一道宽 800～1 000 mm 的缝隙暂时不浇筑混凝土,缝中钢筋应采用搭接接头以保证其沉降的可能性,结构封顶两个月后(下沉已基本完成),再浇筑混凝土。

复习思考题

1. 变形缝的设置原则是什么?

2. 变形缝的分类有哪些?

3. 变形缝的尺寸及构造特点如何?

4. 怎样进行变形缝的盖缝处理?

11 装配式建筑

11.1 概述

1）装配式建筑的含义

装配式建筑是指用工业化的生产方式来建造建筑,将建筑的部分或全部构件在工厂预制完成,然后运输到施工现场,将构件通过可靠的连接方式组装建成的建筑。早期,装配式建筑又叫做建筑工业化,它只是一种建筑生产建造的施工方式。

由于各国的社会制度、经济能力、资源条件、自然状况和传统习惯等不同,各国装配式建筑所走的道路也有所差异,对装配式建筑的理解也不尽相同。

装配式建筑是以装配式混凝土建筑为主,由预制混凝土构件通过可靠的方式装配而成的混凝土结构,包括装配式混凝土结构、全装配混凝土结构等。

2）装配式建筑的设计原则

（1）适用范围

装配式建筑对建筑的标准化程度要求比较高,常见的标准化程度高的建筑主要有住宅、教学楼、医院、幼儿园等。装配式建筑适用于体型较为规整的大空间,通过合理布置承重墙及管井位置,带来更大的经济效益。同时,预制建筑体系的发展应适应我国各地建筑功能和性能要求,遵循标准化设计、模数协调、构件工厂化加工制作。

根据《装配式混凝土结构技术规程》(JGJ 1—2014)规定,装配式结构房屋的最大适用高度见表 11.1,最大高度比见表 11.2。

（2）建筑模数协调

建筑的模数协调主要包括两个方面:模数化和模块化。

在现代模数理论中,"模数"包含两层含义:一个是指"尺寸单位",是比例尺的比例,其他尺寸都是它的倍数,如 $M=100$ mm;另一个是指形成一组数值群的规则。由于装配式建筑构件规模大有不同,确保小型部件具有必要的灵活性,装配式建筑应按照建筑模数化的要求,采用基本模数和扩大模数的设计方法,满足建筑结构体和各部件的整体协调。

表 11.1 装配式房屋的最大适用高度 （单位：m）

结构类型	非抗震设计	抗震设防烈度			
		6	7	8	9
预制框架结构	70	60	50	40	30
预制剪力墙结构	150	130	120	100	80
预制框架—现浇剪力墙结构	140(130)	130(120)	110(100)	90(80)	70(60)
预制外墙结构	120(110)	110(100)	90(80)	70(60)	40(30)

注：房屋高度指室外地面到主要屋面的高度，不包括局部凸出屋面，当预制剪力墙构件底部承担的总剪力大于该层总剪力的80%时，最大适用高度取表中括号内的数值。

表 11.2 装配式结构房屋适用最大高度比

结构类型	非抗震设计	抗震设防烈度	
		6度、7度	8度
预制框架结构	5	4	3
预制框架—剪力墙现浇结构	6	6	5
预制剪力墙结构	6	6	5

模数化用于建筑设计中的建筑、结构、设备、电气等，同时也适用于建筑部件或分部件，如设备、固定家具、隔墙、门窗、楼梯等。

模块化是构成系统的单元，也是一种能够独立存在的由一组零件组装而成的不同级单元。它可以组合成一个系统，也可以作为一个单元从系统中拆卸、更替和取出。

装配式建筑平面和空间设计宜采用模块化方法，结合功能需求选用最大空间布置方式并使平面简单平整。

装配式建筑中标准模块主要包括卫生间、楼梯间、墙板、楼板、管弄井等。模块化设计能预制产品从而进行系列设计，使产品可以进行高效率的流水生产，节省开发和生产成本。

（3）集成化设计

集成化设计就是装配式建筑按照建筑、结构、设备和内装一体化设计原则，将建筑体系和构件集成化为基础进行设计。装配式建筑集成化设计有利于技术系统的整合优化，有利于施工建造工法的相互衔接，有利于提高生产效率及建筑质量和性能。

3）装配式建筑设计的基本知识

（1）总平面及平面布局

装配式建筑总平面设计增加工程建设位置图，阐明工程建设项目基底所在位置区域。

装配式建筑的发展需满足建筑的功能和性能,需选用结构规模较大的平面布局。装配式建筑采用标准化和模块化施工安装方法,平面凹凸不宜过多过深,控制建筑平面尽量达到规整,确保产品尺寸规格标准,易于流水线生产,实现预制大规模生产。

① 立面设计。装配式建筑的立面结构应考虑到建筑风格、材料和颜色等。立面设计主要包括立面的风格表现和建筑外墙一体化设计。

• 立面的风格表现。我国装配式建筑随着建筑工业化的进步与发展,立面表现更加丰富,主要表现在三个方面:第一,表现重复主题更具韵律美。装配式建筑各个部件都具有标准化和系列化特点,这正是工业化可以批量生产的原因。例如由伦敦维尔贝克街停车场大楼改造而成的蒙台梭利小学,大楼美丽的外墙犹如一个编织的大花篮(图 11.1)。预制混凝土铸造的几何线条形网格墙体苍劲有力,外层包覆半透明的屏障,使直线条结构变得柔和。第二,更具结构之美。装配式建筑的构件连接是为了满足预制构件进行装配的功能性要求,和古典建筑的建筑构件的退化形成鲜明对比,更具特有的结构之美。混凝土预制构件在连接处往往需要加大尺寸,并设有榫卯和企口,表达构件之间的组合和力的传递关系。第三,使用新的建筑围护材料。如今复合型的工业化围护材料拓展了建筑师对材料的表达方式,这些新型维护材料都满足了工业化建筑特点的基本构建原则。

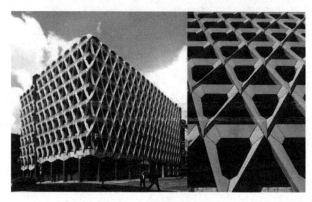

图 11.1 蒙台梭利小学

• 外墙一体化设计。外墙一体化是装配式建筑的主要特征之一。外墙一体化就是外墙抹灰、保温隔热、装饰装修等的集合,充分考虑外墙分格、材料质感和饰面颜色等要求。这部分一体化设计许多材料是在工厂预制完成,然后现场拼装施工,避免材料浪费,实现制造一体化和施工一体化。

② 部件部品设计。装配式建筑部品是直接构成建筑成品的最基本组成部分。部品分为两个部分,即外围护部品和内装部分。外围护部品主要有外窗、阳台、阳

台分户板、空调板等;内装部分主要是分隔墙、收纳、专用设备等。装配式部品部件是以规格化的部件组装完成部品,是部品的组成。主要部件有栏杆、扶手、预埋件、连接件等。装配式建筑部件部品说明如下:

• 楼板。装配整体式钢筋混凝土楼板是将楼板中的部分构件预制安装后,再通过现浇的部分连接成整体。这种楼板的整体性较好,又可节省模板,施工速度也较快。主要分为叠合楼板和密肋填充块楼板。

叠合楼板是预制薄板与现浇混凝土面层叠合而成的装配整体式楼板,又称为预制薄板叠合楼板。预制板既是楼板结构的组成部分,又是现浇钢筋混凝土叠合层的永久性模板。现浇叠合层内应设置负弯矩钢筋,并可在其中敷设水平设备管线。

叠合楼板的预制部分可以采用预应力和非预应力实心薄板。板的跨度一般为 4~6 m,预应力薄板的跨度最大可达 9 m,通常以 5.4 m 以内较为经济。板的宽度一般为 1.1~1.8 m,板厚通常不小于 50 mm。叠合楼板的总厚度视板的跨度而定,以不小于预制板的 2 倍为宜,通常为 150~250 mm。为了保证预制薄板与叠合层有较好的连接,薄板上表面需做处理,常见的有两种:一种是在上表面做刻槽处理,刻槽直径为 50 mm,深为 20 mm,间距为 150 mm;另一种是在薄板表面露出较规则的三角形的结合钢筋等。叠合楼板的预制板也可采用钢筋混凝土空心板,此时现浇叠合层的厚度较薄,一般厚度为 30~50 mm(图 11.2)。

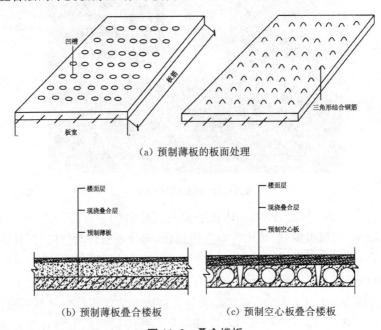

(a) 预制薄板的板面处理

(b) 预制薄板叠合楼板　　　　(c) 预制空心板叠合楼板

图 11.2　叠合楼板

密肋填充块楼板是指现浇(或预制)密肋小梁间安放预制空心砌块并现浇面板而制成的楼板结构。这种楼板底面平整,隔声效果好,能充分利用不同材料的性能,节约模板,且整体性好。预制小梁填充块楼板是在预制小梁之间填充陶土空心砖、矿渣混凝土空心块、煤渣空心砖等填充块,上面现浇混凝土面层而成(图 11.3)。

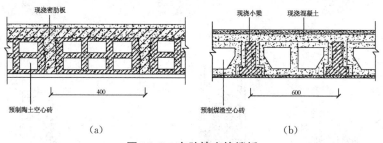

(a)　　　　　　　　　　　　　(b)

图 11.3　密肋填充块楼板

• 内隔墙。装配式建筑内部空间布局灵活,隔墙需要不受体制制约,重量轻,方便拆改和后期维修。装配式内隔墙要满足防火、防水、防护和隔声要求,同时考虑固定物件、固定装饰材料要求,内隔墙的位置和承载也应符合安装要求。装配式内隔墙主要有轻钢龙骨隔墙、轻质条板隔墙、钢丝网架水泥夹芯板墙和石膏砌块内隔墙。

轻钢龙骨隔墙具有重量轻、强度较高、耐火性好、通用性强且安装简易的特性,有防震、防尘、隔音、吸音、恒温等功效,同时还具有工期短、施工简便、不易变形等优点。为避免隔墙根部易受潮、变形、霉变等质量问题,隔墙底部需制作地枕基(图 11.4)。

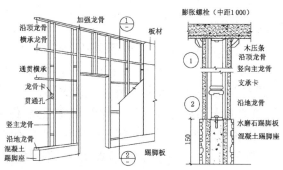

图 11.4　轻钢龙骨隔墙

轻质隔墙板是一种新型节能墙材料,它是一种外形像空心楼板一样的墙材,但是它两边有公母榫槽,安装时只需将板材立起,公、母榫涂上少量嵌缝砂浆后对拼装起来即可,见图 11.5。

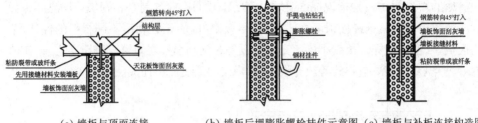

（a）墙板与顶面连接　　（b）墙板后埋膨胀螺栓挂件示意图 （c）墙板与补板连接构造图

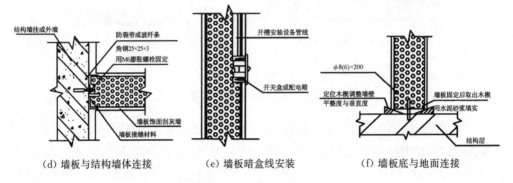

（d）墙板与结构墙体连接　　（e）墙板暗盒线安装　　（f）墙板底与地面连接

图 11.5　轻质隔墙安装节点

　　钢丝网架水泥夹芯板墙以三维构架式钢丝网为骨架，以膨胀珍珠岩、阻燃型聚苯乙烯泡沫塑料、矿棉、玻璃棉等轻质材料为芯材，芯体透气性好，体积稳定，强度高，防水，芯体隔声性能优良，保温隔热性能好，隔音降噪，空间增大，绿色环保，耐燃防火。

　　石膏砌块隔墙是以建筑石膏为原料，经加水搅拌、浇筑成型和干燥而制成的轻质建筑石膏制品。石膏砌块内隔墙作为一种新型建筑内隔墙材料，具有轻质高强、保温性能好、施工方便等特点，在最近两年的施工中得到了越来越多的应用。

　　• 楼梯。楼梯设计与传统设计大同小异。现浇钢筋混凝土楼梯是在施工现场支模、绑钢筋和浇筑混凝土而成的。这种楼梯的整体性强，但施工工序多，工期较长。现浇钢筋混凝土楼梯有两种：一种是板式楼梯，一种是斜梁式楼梯。预制装配式钢筋混凝土楼梯按其构造方式可分为梁承式、墙承式和墙悬臂式等类型。

　　③ 整体厨房、卫生间

　　• 整体厨房。整体厨房是将厨房用具和厨房电器进行系统搭配而成的一个有机的整体形式，实行整体配置，整体设计，整体施工装修，从而实现厨房在功能、科学和艺术三方面的完整统一。整体厨房是装配式住宅建筑内装部品中的核心部分，应满足工业化产品生产和安装要求，用模块化方式拼装完成。

　　橱柜柜体是组成橱柜的一部分，柜体一般有落地柜体和悬吊柜体两种。落地的柜体为了保证让人能够够得着台面,它的高度一般在 1 m 左右。悬吊式柜体距离地面的高度就可以根据自己的需要来决定。

整体厨房台面的尺度需要考虑厨室的格局以及对其工作范围的需求。台面大部分为直台面,它的长度较长的超过 1 m。如果空间较小的话,可以定制长度低于 1 m 的。如果有转角的话,转角台面长度为 0.4~0.5 m,台面宽度有 0.6 m、0.8 m。

关于餐厅的打造,如果餐厅与橱柜相距不远,在打造橱柜的时候可以与餐桌配套定制成相同的图案。餐桌如果是供六人用的话,它的规格是直径为 1~1.5 m 的圆桌或者是方形桌子,餐桌与墙的距离为 70 cm 左右。

橱柜的配件有柜体边缘的金属框,它的金属色泽能让橱柜变得更体面,选择抗腐蚀性和抗湿性较好的金属来制作。水槽根据用户的需要可以有单槽或者双槽,水槽的材料是用不锈钢制作,这种材质做好了防水处理。

· 卫生间。住宅卫生间平面功能分区合理,卫生间位置需集中设置竖向管线、通风道和通风装置。公共建筑的卫生间采用整体公共卫生间。整体卫生间内部空间尺寸见表 11.3。

表 11.3 整体卫生间内部空间平面净尺寸(mm)和净面积(m²)系列

	900	1 200	1 300	1 500	1 800
1 300	1.32	1.44	1.56 便器、洗面器		
1 500	1.35 便器		1.95 便器、洗面器		
1 800	1.76	1.92	2.06	2.40 便器、洗面器、淋浴器	
2 100	1.98	2.16	2.34	2.70 便器、洗面器、浴盆	2.88
2 200	2.31	2.52	2.73	3.15 便器、洗面器、浴盆	3.36 便器、洗面器、淋浴器、洗衣机
2 400	2.42	2.54	2.86	3.30 便器、洗面器、浴盆	3.52 便器、洗面器、淋浴器、洗衣机
2 700	2.64	2.88	3.12	3.60 便器、洗面器、淋浴器(分室)	3.84
3 000	2.70	3.60	3.90	4.50	5.40 便器、浴盆、洗衣机(分室)
3 200	2.88	3.84	4.16	4.80 便器、洗面器、浴盆、洗衣机	5.76
3 400	3.06	4.08	4.42	5.10 便器、洗面器、浴盆、洗衣机(分室)	6.12

11.2 装配式建筑的常见类型

1) 预制装配式混凝土结构建筑

(1) 预制装配式混凝土结构的定义

预制装配式混凝土结构是以预制的混凝土构件(也叫 PC 构件)为主要构件，经工厂预制、现场装配连接，并在结合部分现浇混凝土而成的结构。

(2) 预制装配式混凝土结构的分类

从目前国内建筑工业化的项目考察结果来看，国内装配式混凝土建筑体系主要包括预制框架结构体系、预制剪力墙结构体系、预制框架—剪力墙现浇体系、预制外墙—剪力墙现浇体系、预制外墙—框架现浇体系(表 11.4)。

表 11.4 装配式混凝土建筑的分类

名称	楼板	梁柱	外墙板	剪力墙	阳台楼梯
预制框架结构体系	叠合楼板	预制	预制	—	预制
预制剪力墙结构体系	叠合楼板	—	预制	叠合预制	预制
预制框架—剪力墙现浇体系	叠合楼板	预制	预制	现浇	预制
预制外墙—剪力墙现浇体系	现浇	—	预制	现浇	预制
预制外墙—框架现浇体系	叠合楼板	柱现浇叠合梁	预制	—	预制

① 预制框架结构体系。预制框架结构体系主要是主体结构采用框架预制，叠合楼板，阳台、楼梯、雨篷等构件预制，连接形式主要采用套筒灌浆形式。采用这种结构施工速度快，构件质量控制好，但存在造价高的问题。

② 预制剪力墙结构体系。预制剪力墙结构体系的主体结构采用剪力墙预制，叠合楼板，阳台、楼梯、雨篷等构件预制。根据剪力墙的预制形式可以分为整体预制和叠合预制。采用这种结构部分构件真正实现了工业化生产，且抗震性能较好。

③ 预制框架—剪力墙现浇体系。预制框架—剪力墙现浇体系的主体结构采用框架预制，剪力墙现浇，叠合楼板、阳台、楼梯、雨篷预制。

④ 预制外墙—剪力墙现浇体系。预制外墙现浇剪力墙体系主体结构为剪力墙现浇，外墙采用叠合预制，外墙、门窗整体预制，阳台、楼梯、雨篷等结构预制，这样做改善了外墙的质量问题，减少外墙裂缝、漏水、面砖脱落和发霉问题。

⑤ 预制外墙—框架现浇体系。预制外墙—现浇框架体系主体结构框架柱现浇，叠合梁。外墙采用预制夹芯保温外墙、门窗后装。楼板为叠合楼板，阳台、楼梯、雨篷等结构预制，叠合梁和内隔墙等宽一体化设计。

装配式建筑除了常规的预制混凝土结构,还有木结构、模块化钢结构等。目前装配式建筑集成度较低,建筑设计到构件生产再到现场安装施工有技术脱节问题,因此成本比较高,推广难度比较大。

2)砌块建筑

(1)砌块建筑的选材

砌块建筑的选材原则应该是"就地取材"和"利用工业废料"。在我国西北地区,多采用黏土砌块;在东北地区、沿海地区又多以粉煤灰、焦渣、煤矸石等为主要材料;在北京地区又多以陶粒混凝土和加气混凝土砌块为主。

砌块可以做成空心或实心构件。砌块尺寸应符合模数,以便于组砌。

(2)砌块建筑的构造

① 砌块建筑的排列原则。排列力求整齐、有规律性。纵横墙牢固组砌,以提高墙体的整体性;上下皮砌块应错缝,以保证墙体的强度和刚度。尽可能减少用普通黏土砖补砌。充分利用吊装机械的设备能力,尽可能采用最大规格的砌块。现阶段应以中型砌块(20～350 kg)为主。

② 砌块建筑的构造。砌块建筑的构造与砌体结构基本相同,概括起来有以下几点:

• 在楼层的墙身标高处加设圈梁,其断面尺寸应与砌块尺寸相协调,配筋按所在地区的要求选用(图 11.6,图 11.7)。

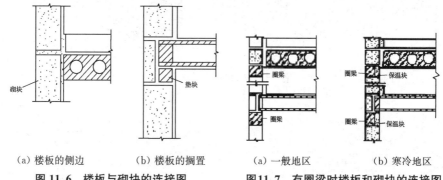

| (a) 楼板的侧边 | (b) 楼板的搁置 | (a) 一般地区 | (b) 寒冷地区 |

图 11.6 楼板与砌块的连接图　　　**图11.7 有圈梁时楼板和砌块的连接图**

• 在外墙转角或内外交接处应加设构造柱,其配筋为 $2\phi12$,或采用钢筋网片、扒钉、转角砌块等连接做法(图 11.8～图 11.11)。

• 砌块建筑的水平缝与垂直缝均采用 20 mm,若垂直缝大于 40 mm,必须用 C10 细石混凝土灌缝。

• 门窗过梁与窗台一般采用预制钢筋混凝土构件。

• 门窗固定可以采用铁件锚固、膨胀木块固定,也可以采用膨胀螺栓固定(图 11.12)。

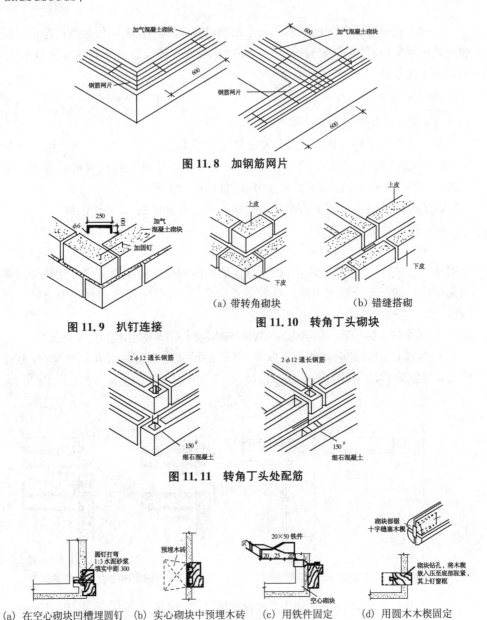

图 11.8　加钢筋网片

图 11.9　扒钉连接

图 11.10　转角丁头砌块

（a）带转角砌块　　　　（b）错缝搭砌

图 11.11　转角丁头处配筋

（a）在空心砌块凹槽埋圆钉　（b）实心砌块中预埋木砖　（c）用铁件固定　（d）用圆木木楔固定

图 11.12　门窗框的固定

• 外装修可以做清水墙嵌缝，也可以采用抹灰墙面。

3）板材建筑（装配式大板建筑）

我国的大板建筑研究试建始于 1959 年，并在全国各地都进行了试点。我国北方地区以实心大板为主，南方地区以空心大板为主。

（1）大板建筑的定义

大板建筑是大楼板、大墙板、大屋顶板的简称，其特点是除基础外，地上的全部构件均为预制构件，通过装配整体式节点连接而建成。大板建筑的构件有内墙板、外墙板、楼板、楼梯、挑檐板和其他构件。

（2）大板建筑的主要构件

① 外墙板。横墙承重下的外墙板是自承重或非自承重的。外墙板应该满足保温隔热、防止风雨渗透等围护要求，同时也应考虑立面的装饰作用。外隔板应有一定的强度，可以承受一部分地震力和风力。山墙板是外墙板中的特殊类型，它具有承重、保温、隔热和立面装饰作用。

墙板可以是用同一种材料制作的单一板，也可以是有两种以上材料的复合墙板。复合墙板由以下层次构成：

• 承重层。它是复合墙板的支承结构，位于墙板的内侧，这样可以减少水蒸气对板的渗透，从而减少墙板内部的凝结水。承重层可以用普通钢筋混凝土、轻骨料混凝土和振动砖板制成。

• 保温层。保温层处在复合墙板中间的夹层部位，一般用高效能的无机或有机的隔热保温材料做成，如加气混凝土、泡沫混凝土、聚苯乙烯泡沫塑料、蜂窝纸以及静止的空气层等。

• 装饰层。装饰层是复合板的外层，主要起装饰、保护和防水作用。装饰层的做法很多，经常采用的有水刷石、干黏石、陶瓷锦砖、面砖等饰面，也可以采用衬模反打，使混凝土墙板带有各种纹理、质感，还可以采用 V 形、山形、波纹形和曲线形的塑料板和金属板饰面。外墙面的顶部应有吊环，下部应留有浇筑孔，侧边应留键槽和环形筋。图 11.13 为一般外墙板的外观，图 11.14 为阳台处外墙板的外观。

② 内墙板。横向内墙板是建筑物的主要承重构件，要求有足够的强度，以满足承重的要求。内墙板应具有足够的厚度，以保证楼板有足够的搭接长度和现浇的加筋板缝所需要的宽度。横向内墙板一般采用单一材料的实心板，如混凝土板、粉煤灰矿渣混凝土板、振动砖板等。

纵向内墙板是非承重构件，它不承担楼板荷载，还与横向内墙相连接起主要的纵向刚度的保证作用，因此也必须保证有一定的强度和刚度。实际上纵向墙板与横向墙板需要采用同一类型的板。图 11.15 为内墙板的外观。

③ 隔墙板。隔墙板主要用于建筑物内部房间的分隔板，没有承重要求。为了减轻自重，提高隔音效果和防火、防潮性能，有多种材料可供选择，如钢筋混凝土薄板、加气混凝土板、碳化石灰板、石膏板等（图 11.16）。

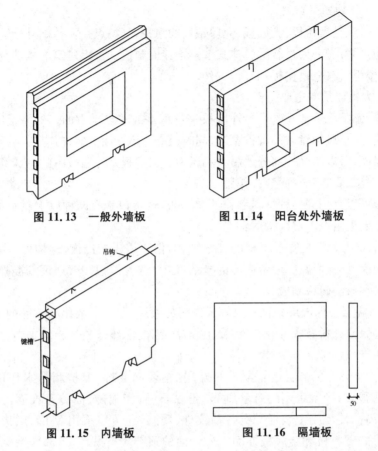

图 11.13　一般外墙板　　　　　图 11.14　阳台处外墙板

图 11.15　内墙板　　　　　图 11.16　隔墙板

④ 楼板。楼板可以采用钢筋混凝土空心板,也可以采用整块的钢筋混凝土实心板。在地震多发区,楼板与楼板之间、楼板与墙板之间的接缝应利用楼板四角的连接钢筋与吊环互相焊接,并与竖向插筋锚接。此外,楼板的四边应预留缺口及连接钢筋,并与墙板的预埋钢筋互相连接后浇筑混凝土。

连接钢筋的锚固长度应不小于 $30d$(d 为钢筋直径)。坐浆标号应不低于 M10,浇筑用的豆石混凝土不应低于 C15,也不应低于墙板混凝土的标号。楼板在承重墙上的设计搁置长度不应小于 60 mm;地震多发区楼板的非承重边应伸入墙内不小于 30 mm。

⑤ 阳台板。阳台板一般为钢筋混凝土槽形板,两个肋边的挑出部分压入墙内,并与楼板预埋件焊接,然后浇筑混凝土。阳台上的栏杆和栏板也可以做成预制块,在现场焊接。阳台板也可以由楼板挑出,成为楼板的延伸。

⑥ 楼梯。楼梯分为楼梯段和休息板(平台)两大部分。休息板与墙板之间必须有可靠的连接,平台的横梁预留搁置长度不宜小于 100 mm。常用的做法可以在

墙上预留洞槽或挑出牛腿以支承楼梯平台(图 11.17)。

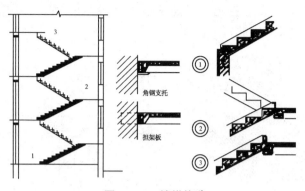

图 11.17 楼梯构造

⑦ 屋面板及挑檐板。屋面板一般与楼板做法相同,仍然采用预制钢筋混凝土整间大楼板。挑檐板一般采用钢筋混凝土预制构件,其挑出尺寸应在 500 mm 以内(图 11.18)。

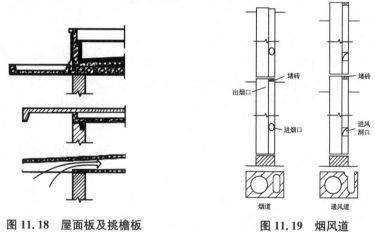

图 11.18 屋面板及挑檐板   图 11.19 烟风道

⑧ 烟风道。烟风道一般为钢筋混凝土或水泥石棉制作的筒状构件。一般按一层一节设计,其交接处为楼板附近。交接处应坐浆严密,不至串烟漏气。出屋顶后应砌筑排烟口并用预制钢筋混凝土块作压顶(图 11.19)。

(3) 装配式大板建筑的节点

节点的设计和施工是大板建筑的一个突出问题。大板建筑的节点要满足强度、刚度、延性以及抗腐蚀、防水、保温等构造要求。节点的性能如何,直接影响整个建筑物的整体性、稳定性和使用年限。

① 焊接。焊接又称为整体式连接。它是靠构件上预留的铁件,通过连接钢板

或钢筋焊接而成。这是一种干接头的做法,其优点是施工简单,速度快,不需要养护时间;其缺点是存在局部应力集中,容易造成锈蚀,对预埋件要求精度高、位置准确,且耗钢量较大(图 11.20)。

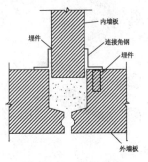

图 11.20　焊接节点　　　　图 11.21　装配整体式接头

② 混凝土整体连接。这种做法又叫装配整体式连接。它是利用构件与附加钢筋互相连接在一起,然后浇筑高强度混凝土。这是一种湿接头,其优点是刚度好,强度大,整体性强,耐腐蚀性能好;其缺点是施工时工序多,操作复杂,而且需要养护时间,浇筑后不能立即加载(图 11.21)。

③ 螺栓连接。这是一种装配式接头。它是靠制作时预埋的铁件用螺栓连接而成。这种接头对于变形不太适应,常用于围护结构的墙板与承重墙板的连接,要求精度高、位置准确(图 11.22)。

4) 盒式建筑(装配式集装箱房屋)

(1) 盒式建筑的定义

盒式建筑是指用工厂化生产的盒子状构件组合而成的全装配式建筑。它是从板材建筑的基础上发

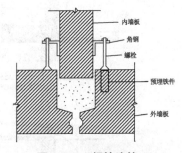

图 11.22　螺栓连接

展起来的一种装配式建筑。这种建筑工厂化的程度很高,现场安装快。一般不但在工厂完成盒子的结构部分,而且内部装修和设备也都安装好,甚至可连家具、地毯等一概安装齐全。盒子吊装完成、接好管线后即可使用。将这些箱形的整体构件运至施工现场,就像搭建积木一样拼装在一起,或与其他预制构件及现制构件结合建成房屋。

(2) 盒式建筑的装配形式

① 全盒式:完全由承重盒子重叠组成建筑。

② 板材盒式:将小开间的厨房、卫生间或楼梯间等做成承重盒子,再与墙板和楼板等组成建筑。

③ 核心体盒式:以承重的卫生间盒子作为核心体,四周再用楼板、墙板或骨架组成建筑。

④ 骨架盒式:用轻质材料制成的许多住宅单元或单间式盒子,支承在承重骨架上形成建筑。也有用轻质材料制成包括设备和管道的卫生间盒子,安置在其他结构形式的建筑内。盒子建筑工业化程度较高,但投资大,运输不便,且需用重型吊装设备,因此发展受到限制。

(3) 盒式建筑的优缺点

优点:① 施工速度快,同大板建筑相比可缩短施工周期 50%～70%。

② 装配化程度高(装配程度可达 85% 以上),修建的大部分工作,包括水、暖、电、卫等设施安装和房屋装修都移到工厂完成,施工现场只余下构件吊装、节点处理,接通管线就能使用。

③ 混凝土盒子构件是一种空间薄壁结构,自重较轻,与砖混建筑相比,可减轻结构自重一半以上。

缺点:影响盒子建筑推广的主要原因是建造盒子构件的预制工厂投资太大,运输、安装需要大型设备,建筑的单方面造价也较贵(与大板建筑差不多)。

(4) 盒式建筑的结构

盒式建筑的结构主要为无骨架体系(图 11.23)和骨架体系(图 11.24)。

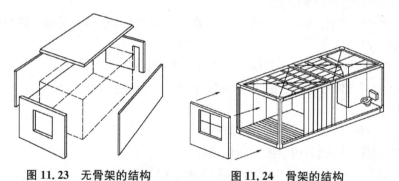

图 11.23　无骨架的结构　　图 11.24　骨架的结构

① 无骨架体系:适合低层、多层和不高于 18 层的高层建筑。

一般由钢筋混凝土制作,目前最常采用整体浇筑成型的方法,可以使其刚度特别大。

② 骨架体系:空体框架、有平台框架、筒体结构等。

通常用钢、铝、木材、钢筋混凝土作为骨架,用轻型板材围合形成盒子。这种构件质量很轻,仅 100～140 kg/m²。

(5) 盒式建筑的结构构件组装

① 上下盒子重叠组装[见图 11.25(a)];

② 盒子构件相互交错叠置[见图 11.25(b)];

③ 盒子构件与预制板材进行组装［见图 11.25(c)］；

④ 盒子构件与框架结构进行组装［见图 11.25(d)］；

⑤ 盒子构件与筒体结构进行组装［见图 11.25(e)］。

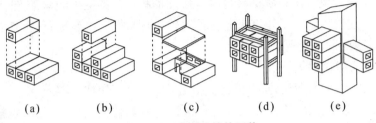

(a)　　　　(b)　　　　(c)　　　　(d)　　　　(e)

图 11.25　盒式建筑的组装

5) 预制装配钢结构建筑

(1) 预制装配钢结构的定义

装配式钢结构建筑不是装配式钢结构，而是以钢结构作为承重结构的装配式建筑。预制装配式钢结构建筑以钢柱及钢梁作为主要的承重构件。钢结构建筑自重轻，跨度大，抗风及抗震性好，保温隔热、隔声效果好，符合可持续发展的方针，特别适用于别墅、多高层住宅、办公楼等民用建筑及建筑加层等。

(2) 装配式钢结构的优点

① 钢结构建筑所使用的材料具有轻质高强的特征，相当于混凝土建筑自重降低 30％左右。

② 由于其建造特征不同，钢结构比混凝土工期提高 50％以上。

③ 钢结构建筑安全可靠，抗震性能优越，节能保温性较好，柱截面小，室内使用面积大。

④ 节省材料，材料可拆装，可循环，回收率达 70％。

(3) 适合采用钢结构装配式的建筑类型

① 宿舍、办公楼、酒店、民居、安置房和高层住宅等；

② 标准加油站、标准体育馆、标准仓库等；

③ 警银亭、岗哨亭、书报亭等预制建筑，配合机械加工连接件，可以做到现场极速拼装；

④ 出口国外尤其是海岛国家的快速装配式建筑。

复习思考题

1. 装配式建筑的含义是什么？设计原则是什么？
2. 预制装配式混凝土结构的分类有哪些？
3. 常见的建筑工业化建筑类型有哪几种？
4. 砌块建筑的构造如何？
5. 大板建筑的构件有哪些？其特点各是什么？
6. 盒式建筑的装配形式有哪些？
7. 预制装配钢结构是什么？其优点是什么？

主要参考文献

[1] 邱洪兴. 建筑结构设计[M]. 北京:高等教育出版社,2013.

[2] 常宏达,杨金铎. 房屋建筑构造[M]. 3 版. 北京:中国建材工业出版社,2016.

[3] 聂洪达,郇恩田. 房屋建筑学[M]. 2 版. 北京:北京大学出版社,2012.

[4] 陈玲玲. 建筑构造原理与设计(上册)[M]. 北京:北京大学出版社,2013.

[5] 郝峻弘. 房屋建筑学[M]. 北京:清华大学出版社,2015.

[6] 何培斌. 建筑制图与房屋建筑学[M]. 重庆:重庆大学出版社,2017.

[7] 何培斌. 民用建筑设计与构造[M]. 北京:北京理工大学出版社,2014.

[8] 陈群,蔡彬清,林平. 装配式建筑概论[M]. 北京:中国建筑工业出版社,2017.

[9] 张波. 装配式混凝土结构工程[M]. 北京:北京理工大学出版社,2016.

[10] 庄伟,匡亚川,廖平平. 装配式混凝土结构设计与工艺深化设计从入门到精通[M]. 北京:中国建筑工业出版社,2016.

[11] 建筑模数协调标准(GB/T 50002—2013)

[12] 建筑抗震设计规范(GB 50011—2010)

[13] 建筑设计防火规范(GB 50016—2014)

[14] 建筑地基基础设计规范(GB 50007—2011)

[15] 民用建筑热工设计规范(GB 50176—2016)

[16] 民用建筑设计通则(GB 50352—2005)

[17] 装配式混凝土结构技术规程(JGJ 1—2014)

[18] 砌体结构设计规范(GB 50003—2011)

[19] 民用建筑隔声设计规范(GB 50118—2010)

[20] 住宅设计规范(GB 50096—2011)